ゼロから学ぶ
熱力学

小暮陽三

まだ、肌を突き刺す寒さが残る1987年の2月、しんと静まり返った暗い冬の夜空に鮮やかな閃光が浮かび上がりました。
超新星がその姿を現したのです。
超新星とは、太陽よりもはるかに大きい星が最後に起こす大爆発のことです。はるか16万光年の彼方の大マゼラン星雲で起こったこの大爆発は、まるで夢物語のようであり、私たちと縁もゆかりもないかのように思えます。
ところがそうではありません。私たち人間の体をはじめとして、地球上のありとあらゆるものを構成する原子の大半は、過去に爆発した星(超新星)の残骸なの

です。私たちの生みの親ともいうべき超新星の閃光が、最後に肉眼で観測されたのは1604年、日本でいえば江戸幕府が開かれて間もないころ、実に400年も昔のことでした。
超新星というのは新しい星の誕生ではありません。むしろ、古く重い星が最期を迎えた断末魔の姿といったほうがよいでしょう。そして、断末魔にふさわしく、超新星は数十億度という、とてつもない高温となります。

講談社

まえがき

　この本は、いままで熱について全く学んだことのない人、あるいは、熱力学は習ったけれども、よく分からなかったという人を念頭において執筆しました。

　英語で熱力学を Thermodynamics（サーモダイナミクス）、温度計を Thermometer（サモミター）といいます。同じ Thermo でも、熱と温度が混同されて使われています。この事情は日本語でも同じことです。風邪をひいて熱がある、などはその典型的な例でしょう。

　熱と温度の違いから出発して、非平衡系の熱力学に至る物理的な筋道を縦糸にしました。これに対して、横糸には、蒸気機関の発達から内燃機関までの科学技術史を選んで、織物をつくりあげました。それに加えて、多くの科学者や技術者の伝記を模様にして話を飾りました。

　ところどころにあるカコミ記事で、息抜きをしていただくつもりです。

　また、先生、陽子さん、洋平君の対話も入れて、話が一方通行にならないように心がけました。

　かなり手を変え、品を変えて記述したつもりですが、もしわかりにくいところがあれば、筆者の不敏のせいです。編集部あてにご叱正いただければ幸いです。

　終わりに、この本の執筆の機会をあたえてくださった末武親一郎氏、読者の立場に立って編集の労を惜しまれなかった大塚記央氏に、謝意を表します。

平成 13 年春日　小暮 陽三

ゼロから学ぶ　熱力学　　　　　　　　　　　　　　　　　目次

0章　プロローグ──はじめて学ぶひとのために …… 1

- 宇宙の果てからのメッセージ……………………………………… 1
- ビッグバンと宇宙の死……………………………………………… 2
- 極低温の世界………………………………………………………… 3
- 勉強がキライな人も………………………………………………… 4
- 横丁ゼミナール……………………………………………………… 6

1章　科学をゆさぶった熱機関──熱の正体　7

1.1　火の発見から熱機関へ ……………………………… 7
- はじめはみんなワケがわからなかった…………………………… 7
- 牧師のつくったきっかけ…………………………………………… 9
- ビジネスとしての熱力学…………………………………………… 11
- 横丁ゼミナール……………………………………………………… 12
- ムダは発明の母……………………………………………………… 14
- 漱石は蒸気機関が嫌いだった？…………………………………… 17
- ヤカンから蒸気機関へ……………………………………………… 18
- 最初の自動車は蒸気自動車！……………………………………… 21
- 頂上の克服…………………………………………………………… 22
- ディーゼルは悪くない……………………………………………… 23

1.2　温度は温度、熱は熱 ………………………………… 24
- 温度計という大発明………………………………………………… 24
- 2人の中国人？……………………………………………………… 25
- サウナでなぜヤケドしないのか…………………………………… 27
- 熱容量とは何か……………………………………………………… 28
- 便利な比熱…………………………………………………………… 30
- 横丁ゼミナール……………………………………………………… 32
- 潜熱の発見物語……………………………………………………… 34
- 熱の素はあるか……………………………………………………… 36
- ガラスはなぜ冷たいか？…………………………………………… 37
- 世間を翻弄した科学者……………………………………………… 38
- ある学者の一生……………………………………………………… 39
- 熱の本性は運動って本当？………………………………………… 41
- この章を3分で……………………………………………………… 44

2章 財布のひもは固い──熱力学第1法則……………45

2.1 ボイルとシャルルは何が言いたかったのか……………45
貴族と哲学者の言い分 …………………………………………… 45
「漏れ」に注目したシャルル …………………………………… 48
これは便利！ ボイル・シャルルの法則 ……………………… 49
2等分できる量とできない量 …………………………………… 52

2.2 エネルギーって何？……………53
ボルツマンの悲劇 ………………………………………………… 53
横丁ゼミナール …………………………………………………… 53
平均2乗速度ってどんな速度？ ………………………………… 55
内部エネルギーは池にたまった水 ……………………………… 57
横丁ゼミナール …………………………………………………… 58
マクスウェルの分布 ……………………………………………… 60
分子の形の謎 ……………………………………………………… 63
エネルギーは等分配主義 ………………………………………… 64
ファンデルワールスの登場 ……………………………………… 66

2.3 熱＝仕事＋エネルギー……………69
仕事と熱は関係があるのか ……………………………………… 69
第1法則のこころ ………………………………………………… 71
横丁ゼミナール …………………………………………………… 74
第1法則をミクロに見れば ……………………………………… 76
真っ赤な血から得たヒント ……………………………………… 79
ジュールがあきらめたわけ ……………………………………… 81
仕事当量のナゾに近づく ………………………………………… 83
超有名な実験 ……………………………………………………… 85
真空膨張の結末 …………………………………………………… 86
定積比熱と定圧比熱 ……………………………………………… 89
この章を3分で …………………………………………………… 91

3章 「じわじわ」からエントロピーへ ……………93

3.1 変化のバリエーション……………93
行きはよいよい，帰りはこわい ………………………………… 93
基本は「じわじわ」……………………………………………… 95
等温変化、これは重要 …………………………………………… 97
断熱変化、これも重要 …………………………………………… 99

3.2 主役登場、カルノー・サイクル … 101
- 究極のエンジン … 101
- これぞカルノー・サイクル … 103
- 結局は仕事がほしいだけ … 105
- メインテーマは効率 … 108

3.3 永久機関が生み落とした第2法則 … 110
- 働きたくないひとのために … 110
- トムソンいわく「働け！」 … 111
- ありのままを受け入れたクラウジウス … 113
- 電気は冷房に使い、暖房に使うな … 114
- カルノー・エンジンは最強最高 … 116
- やっと温度の定義 … 119

3.4 エントロピー … 120
- とりあえずエントロピー … 120
- 横丁ゼミナール … 124
- もっと詳しくエントロピー … 127
- たとえばビールのエントロピー … 128

3.5 ジュール・トムソン効果 … 134
- グラスゴー生まれのエンタルピー … 134
- なぜか温度が下がらない！ … 136
- この章を3分で … 138

4章 熱力学は未来を向いている … 141

4.1 エントロピー増大の法則 … 141
- ゴミ問題 … 141
- クラウジスの不等式 … 143
- 判決を聞く前の準備 … 144
- 宇宙は死ぬか … 147

4.2 熱力学第3法則 … 149
- 寒さの限界 … 149

4.3 ギブス、ヘルムホルツの活躍 … 150
- 内部エネルギーだけではなぜダメか … 150
- エントロピーは測れない … 152
- アメリカが2流？ … 154
- 難しそうな式にもチャレンジ … 155

4.4 熱力学の実際 … 157
- 反応を支配するものは何か … 157

仕事に貴賎なし ……………………………………………………… *160*
　　熱力学の核心 ………………………………………………………… *161*
　　安定と不安定の違い ………………………………………………… *164*
　　Gの意味の復習 ……………………………………………………… *165*
　　横丁ゼミナール ……………………………………………………… *166*
　　理論と現実がつながるとき ………………………………………… *168*
　　反応の熱力学 ………………………………………………………… *169*

4.5 相（そう）とはなにか …………………………………………… *171*
　　物質の顔が変わるとき ……………………………………………… *171*
　　超臨界水 ……………………………………………………………… *172*
　　化学ポテンシャル …………………………………………………… *173*
　　水はなぜ蒸発するのか ……………………………………………… *175*
　　仲良く共存する条件 ………………………………………………… *176*
　　乾いた感覚を科学する ……………………………………………… *178*
　　クラウジウス・クラペイロンの式 ………………………………… *179*
　　横丁ゼミナール ……………………………………………………… *182*
　　氷，水，蒸気が重なるとき ………………………………………… *184*

4.6 磁性体の熱力学 ………………………………………………………… *186*
　　熱力学は気体を越えて ……………………………………………… *186*
　　温度を徹底的に下げてみよう ……………………………………… *188*
　　この章を3分で ……………………………………………………… *189*

5章　熱力学は止まらない …………………………………………… *191*

5.1 ブラウン運動 ……………………………………………………………… *191*
　　登場！　アインシュタイン ………………………………………… *191*
　　原子かエネルギーか ………………………………………………… *192*
　　ブルブルを科学する ………………………………………………… *193*
　　みごとな一致にみんな驚き ………………………………………… *196*
　　アインシュタインの考えたこと …………………………………… *198*
　　カプラーの実験 ……………………………………………………… *200*

5.2 BZ反応 ………………………………………………………………… *201*
　　ナルトの化学 ………………………………………………………… *201*

　　索引 …………………………………………………………………… *205*

装丁／海野幸裕　　装画／田中一規

第0章
プロローグ
はじめて学ぶ人のために

宇宙の果てからのメッセージ

　肌を突き刺すような寒さがまだ残る1987年の2月、しんと静まり返った暗い夜空に鮮やかな閃光が浮かび上がりました。

　超新星が、その姿を現したのです。

　超新星とは太陽よりもはるかに大きい星が最後に起こす大爆発のことです。はるか16万光年の彼方の大マゼラン星雲で起こったこの大爆発は、あたかも天空の夢物語のようであり、小さな地球の上に暮らす私たちとは縁もゆかりもないかのように思えます。

　ところがそうではありません。私たち人間の体をはじめとして、地球上のありとあらゆるものを形づくる原子の大半は、過去に爆発した星（超新星）の残骸なのです。私たちの生みの親ともいうべき超新星の閃光が、最後に肉眼で観測されたのは1604年、日本でいえば江戸幕府が開かれて間もないころで、実に400年も昔のことでした。

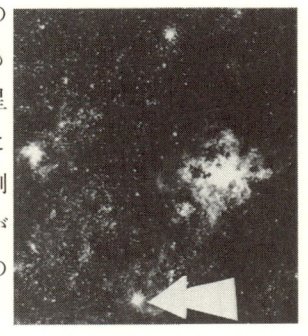

図0-1　超新星（矢印）

　超新星というのは新しい星の誕生ではありません。むしろ、古く重い星が最期を迎えた断末魔の姿といったほうがよいでしょう。そして、断末魔にふさわしく、超新星は数十億度という、とてつもない高温となります。

超新星の性質は、その星が最初にもっていた質量によって違いますが、一番はっきりしているのは太陽の質量の10倍以上の星が超新星となる場合です。このような星は、その中で起こっている核融合の燃料である水素が燃え尽きた結果、自分自身の重力によって急速につぶれ、内部から爆発を起こして、最後にはブラックホールが残るだけになります。

ビッグバンと宇宙の死

　光さえも逃れることのできないブラックホールをはじめとして、宇宙には想像もできないことがたくさん起きています。宇宙の始まりもそうです。宇宙が出現してから10^{-44}秒後、宇宙の直径は10^{-33}cm、温度は10^{32}度という途方もない状態でした。この小さな球とすさまじい高温が、今では、宇宙の始まり「ビッグバン」の素顔であると考えられています。

　話かわって、私たちのふだんの生活からもわかることですが、熱いものと冷たいものを接触させると、熱いものは冷え、冷たいものは温かくなります。つまり、熱は自動的に(おのずと)熱いところから冷たいところへと移るのです。ナンダ、そんなことは当然ではないかといわれそうですが、これが、これから学ぶ熱力学第2法則のおおもとになるわけです。

　コトは地球上にかぎらず宇宙でも同じです。ビッグバンのときに10^{32}度だった宇宙は、膨張するにつれ熱も拡散し、やがて現在の温度にまで下がりました。もしも膨張がこのまま続くならば、この流れは今後も止めることはできません。そして熱の移動は、さらに宇宙全体の温度の差がなくなるまで続くでしょう。最終的に宇宙は、どこも冷たい墓場のようになってしまうかもしれません。もちろん人間はその前に死滅し、その体を構成する原子分子は四方八方へと拡散して、ふたたび人間の形に戻ることはありません。悲しいかな、将来人類が宇宙へと旅立ち、地球の資源問題を解決したとしても、けっきょくは、終わり(熱的終焉)を迎えるという悲劇的な結末が待っている……というと少々お話が過ぎるかもしれません。

　しかし、熱力学の話は、単にヤカンや蒸気機関に尽きるわけではありません。読者も「エントロピーの増大」という言葉を一度や二度は聞かれたことがあるでしょう。上に述べた宇宙の熱的終焉の話も、仮説ではありま

すが、熱力学第2法則から導かれるエントロピー増大の法則の示すところなのです。

極低温の世界

温度に上限はありませんが、下限はあります。温度の最低点はマイナス273.15℃です。この温度を絶対零度とよびます。この絶対零度から数える温度の単位をケルビンといい、℃の代わりにKで表します。この「ケルビン」は、熱力学に大きく貢献した科学者であるケルビン(Kelvin)にちなんでいます。ただし、理論上は絶対零度、0Kの実現は不可能であることがわかっています。このような絶対的な制限はあるものの、現在では断熱消磁法や、レーザー冷却法といった方法を用いて、10^{-6} K から 10^{-7} K

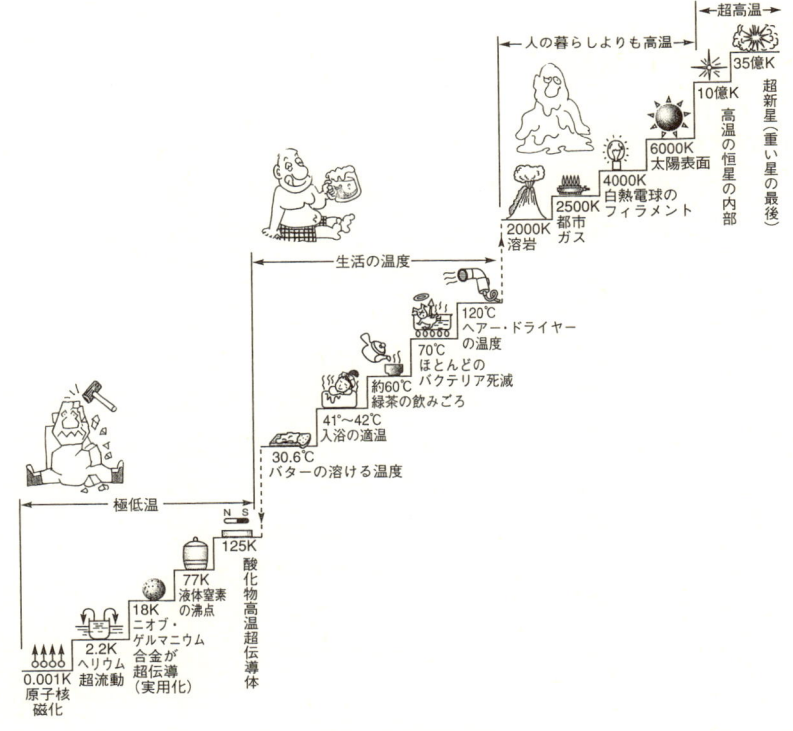

図0-2　自然界の温度

の極超低温が実現されています。

この極低温の領域の実例を、いくつか取り上げてみましょう。

ヘリウム(He、原子番号2)は質量が軽く、ヘリウム原子どうしの引力も小さいため、もっとも液化しにくい気体です。ヘリウムの次に液化しにくい気体の水素が20.4Kで液化するのと比べて、かなり低温の4.2Kでやっと液体になります。さらに冷やすと、2.17Kのあたりで相転移(不連続な状態変化)を起こし、突然、粘性(ねばっこさ)をまったく失います。この状態のものを、液体ヘリウムⅡ(ツー)といいます。この液体は粘性をまったく失っていますので、どんなに狭いすき間も何の抵抗も受けずに、するすると流れます。これを超流動とよびます。

超流動状態になった液体ヘリウムを図0-3のようにビーカーに入れておくと、ヘリウムは壁を伝わって下に流れ落ちてしまいます。普通に考えれば起こるはずがないことですが、別に力学に反した運動をしているわけではありません。液体ヘリウムⅡはヘリウム原子どうしの引力が弱いために、ビーカーの壁の原子からの引力のほうが大きくなって、壁の表面に非常に薄いヘリウムの膜をつくります。そして、液体ヘリウムⅡはこの薄い膜の中をサイフォンの原理によって流れるのです。この現象は、浴槽のふちに掛けたタオルを伝わってお湯が流れ出すのと同じ原理ですから、別に不思議ではありません。しかし、普通の液体ならば、粘性のためにビーカーにへばりついて、このような薄い膜の中を流れることはできません。液体ヘリウムⅡは超流動状態で粘性がないため、薄い膜の中を流れることができるのです。

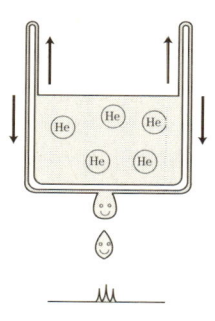

図0-3 超流動

勉強がキライな人も

極低温では、もう一つ重要な現象があります。それは超伝導です。

超伝導とは、電気抵抗がゼロになって、電流をいくらでも通してしまう状態です。スズは3.72K、水銀は4.15K以下になると急にストンと電

気抵抗がゼロになります。超伝導物質を使うと強力な磁石をつくることができます。しかし今までは、物質を超伝導状態にするためには液体ヘリウム程度の極低温が必要でしたから、超伝導磁石はリニア・モーターカーの開発などに使われるだけでした。

ところが、スイスのIBM研究所のベドノルツとミューラが1986年にセラミック製の高温超伝導体を発見すると、堰を切ったように新しい超伝導体が発見され始め、ついに、液体窒素(-174℃)以上の温度でも超伝導が実現しました。

図0-4は超伝導体が、磁石のつくる磁界を完全に排除して、完全反磁性体(磁界と逆向きの磁気を帯びる物質)になっている様子です。これをマイスナー効果とよび、電気抵抗がゼロになることよりも、この効果のほうが本質的に重要だとされています。

このようにさまざまな温度によって、いろいろ興味深い現象が起こります。しかし、これらの現象をしっかり理解するためには、温度、熱、相転移といった熱力学の基本的な概念を知らなくてはなりません。

また、統計力学、量子力学を学んでいくうえでも、熱力学をきちっと理解しておくことがどうしても必要となります。

図 0-4 超伝導
(渡辺慎介、横浜国大教授提供)

熱力学とは、現象を大きな見地に立って、そこにある普遍的な「何か」をマクロに探求する学問です。ですから、分子や原子、そして素粒子といったミクロな学問が発展した現在も、熱力学は依然としてその価値を失っていません。20世紀初頭に、それまでの物理学を超えて量子力学が生まれたとき、熱力学が大きな役割を担ったのもそのような理由によるのです。相対性理論で有名なアインシュタインも、熱力学をいっしょうけんめい勉強して、何本も論文を書いています。

さてこれまで極低温という、現代の物理研究の最先端のお話をしてきま

した。このあとは熱力学の発展の歴史を追いながら、人々がどんなに苦闘しながら温度と熱の概念を確立していったかを見ることにしましょう。

横丁ゼミナール

クマさん「先生、なんだかたいそうな書きっぷりじゃありませんか」

先生「あはは、ちょっと肩ひじ張りすぎたかなあ」

洋平「でも、正直いって僕は高校の物理もマトモにやらなかった。いつも一夜漬けで試験を受けていたのですが、こんな僕でも大丈夫でしょうか」

クマさん「それを言うならアッシのほうが…」

先生「いや、大丈夫。老婆心ながら、高校の復習も入れてあるから、まさしく『ゼロから』の出発で大丈夫だ。意欲のある人のためにちょっと高度な話もときどき入れているけど、そこは斜め読みでも構わない」

洋平「それなら僕でも大丈夫かな？　なんだかやる気がでてきたぞ！　吾輩も今日から学究の徒(と)、か？」

クマさん「ああ、なんだか熱が出てきた。アッシは端っこのほうから見学ということで。あとは洋平と陽子ちゃんにまかせたよ」

先生「クマさん、さっそく仮病かい。まあ、気楽に聞いてもらって結構。温故知新という言葉もあるくらいだから、はじめは熱力学の歴史から。熱力学にドラマあり、だ」

第1章
科学をゆさぶった熱機関
——熱の正体

1.1 火の発見から熱機関へ

はじめはみんなワケがわからなかった

　赤ちゃんを見ていると本当に楽しいですね。朝から晩まで動き回っていて、機嫌がよければ私たちの顔を見てニコッと笑います。そして、手に触れるものは何でも口へ持っていってしまいます。赤ちゃんにとっては食べることが何よりも大切なのでしょう。人類がはじめて意識的に求めたものも、食べ物だったに違いありません。

　次に人間は火を使うことを覚えました。

　図1-1にあるのは、出雲大社で神饌(おそなえ)を炊き上げる火だねをつくる行事です。おそらく古代人もこのようにして、摩擦熱を利用して火をつくったのでしょう。現代でもこのような火おこしは行なわれていて、アフリカの

図1-1　出雲大社の栞(しおり)より

原住民がよく似た道具を使っているのをテレビで見たことがあります。

　人間が火を使い始めたのは今から60万年ぐらい前、打製石器が使用され始めたころといわれています。体を暖めたり、料理したり、獣から身を守るために使ったのでしょう。紀元前5000年ごろには、西南アジアで火力によって青銅器が鋳造されていました。

　熱を用いた暖房や加工に比べると、熱を使って器具を動かしたりしたのははるかに後のことで、18世紀に入ってからのことです。

　熱エネルギーを使って何かをする機関を熱機関というのですが、熱機関についての古い文書によりますと、キリストの誕生前後にギリシャで、熱機関の小さな模型がつくられています。

図1-2　ヘロンの反動タービン

　後期アレキサンドリア時代の著述家ヘロン（Heron、没したのはおそらく紀元70年ごろ）は、図1-2のような原始的な蒸気反動タービンを紹介しています。タービンとは、蒸気の噴射などによって羽根車を回転させる装置のことをいいます。水流で回転する水車も一種のタービンといえます。

　さて、「エオリアの球」とよばれるこの装置は、金属の球に2つの穴をあけて、火鉢の上に水平に置いたものです。2つの穴にはそれぞれ曲がった管が差し込んであって、球の中に圧力の大きな蒸気が発生すると、2つの管から蒸気が反対方向に吹き出して、球が回転を始めるようになっています。

　ヘロン自身は、今でいうこの反動タービンがなぜ動くのか、理解できなかったようです。ヘロンにとっても、当時の人にとっても、それはミステリアスな機械か、単なるおもちゃにすぎませんでした。

　ヘロンの後も、約1500年の間は「原動機」の主流は熱機関ではなく、水車と風車でした。水車は改良を重ねてどんどん大きくなり、17世紀はじめには出力20馬力——これは後に出たニューコメン・エンジンの5台

分のパワーにあたります——のものが登場します。また、水の汲み上げ用の風車も、1台で発生する動力が14馬力にも達しました。この風車は1秒間に約1トンの水を汲み上げることができました。しかし、水車や風車は農村のような限られた場所でしか運転できません。さらにイギリスをはじめとする工業国で石炭や金属を採掘する鉱山業が盛んになると、鉱山の地下水の排水用に水車・風車以上の、もっと大きな動力が求められるようになりました。

牧師がつくったきっかけ

1629年にイタリアのブランカは、図1-3のような蒸気タービンを提案しています。これは残念ながら実用化されませんでしたが、蒸気を工業用の動力に使う意図を初めから持っていたことがわかります。

17世紀も末になって、ある程度実用の域に達した最初の熱機関がセーヴァリ(1650～1751)によって考え出されました。その原理は図1-4のとおりです。つまり、Aのボイラーで発生した蒸気を容器Eに導き、その圧力によって管Cの水を上に押し上げ、水を汲み上げます。次に弁Cを大気圧で閉じた後、容器Eを冷水で冷やして蒸気を凝縮させ、そのときできる負圧によって管Bから水を吸い上げ、また前と同じことを繰り返し、水を汲み上げる、というものです。

セーヴァリの意図は、1702年の彼の小冊子「鉱夫の友」にはっきり書か

図1-3 ブランカの蒸気タービン

れているように、鉱山の排水問題を解決することでした。しかし、彼のポンプ機関は田舎の水汲みポンプに利用されただけで、鉱山で使われたという記述はたった1例しかありません。

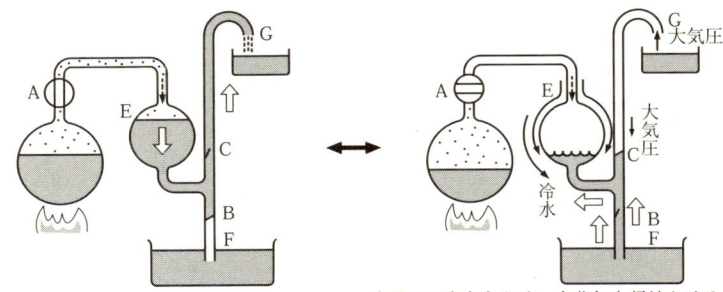

バルブAを開く（手動）．
容器Eの水はバルブCを通って
Gに流れる．このときバルブBは閉じる

容器Eに冷水をかけ，水蒸気を凝縮させる．
このときEは真空に近い．
Fの水はバルブBを通って容器Eに入る．
バルブCはGの大気圧で閉じる

図1-4　セーヴァリのポンプ

セーヴァリの後、イギリスのダートマスの鉄器商トーマス・ニューコメン(Thomas Newcomen，1663～1729)とその協力者ジョン・ケイリが、ピストンとシリンダーを使った画期的な熱機関をつくり上げることに成功しました。ニューコメンは技術者、鉄器商、おまけに牧師まで兼ねたとい

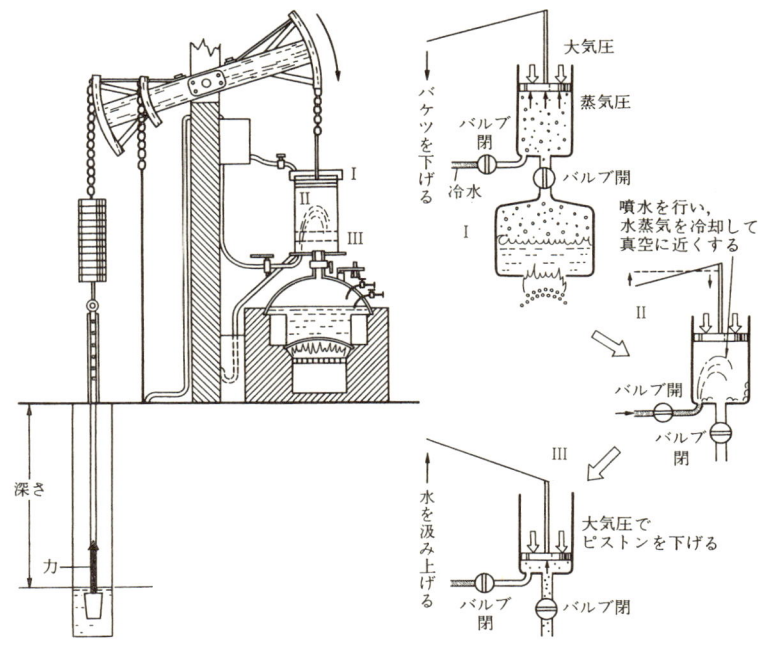

図1-5　ニューコメンの蒸気機関（右は原理図）

う多芸多才な人物で、この機関の着想を得たのは40歳になるときでした。

ニューコメンのエンジンでは、ピストンが上に上がっている間に弁が開いて、蒸気がシリンダー内に入るようになっています。こうして蒸気が入って空気を追い出したあと、弁を閉じ、冷たい水を直接シリンダー内に散布して中の蒸気を凝縮させます。すると大気の圧力に押されて、ピストンが下がります。セーヴァリの機関のように蒸気の入った容器の「外側」に水を流すのではなく、シリンダーの「内部」に冷水を噴射するため、冷却効果がはるかに上がりました。

ビジネスとしての熱力学

ニューコメンの機関は成功しました。この機関を使ったポンプのおかげで、イギリスの炭鉱から地下水の洪水が追放され、この重要な産業は見事に立ち直ることができたのです。ニューコメン機関の規模も次第に大きくなり、やがて鉱山の排水以外にも使われ始めました。1739年にはフランスの炭鉱で、地表から30mの深さの水を汲み上げることができたそうです。シリンダーは直径75cm、長さ3m、ピストンはその3mの長さを1分間に15回も往復したということです。

商才もあったニューコメンは会社を設立しましたが、その会社が持っていた特許は1733年に期限が切れてしまいました。そのあと、多くの有能な技術者が蒸気機関の改良に取り組み始め、とくにイギリスのジョン・スミートンは、シリンダーの精度を上げ、ピストンとの整合性をよくするなど、当時の生産技術の許す限り、ニューコメン型エンジンの性能を向上させました。

その結果、以前には高さ30mの風車で1年間もかかった水の汲み上げを、わずか2週間ですませるほどの高性能エンジンが完成しました。しかし、本当の意味での蒸気機関は、次に述べるジェームズ・ワットの手によって初めて生み出されたものなのです。

横丁ゼミナール

クマさん「ご隠居、いえ、先生。熱機関が次々と登場してきましたが、例によって話の枕というわけなんで？」

先生「ニワトリが先か、卵が先か、というのはよく問題になるけれども、実用がニワトリで、理論が卵だとすると、熱力学ではニワトリ、つまり実用が先だったってことかな。

　火にあたれば体が温まるし、熱い湯に手を入れればヤケドする。冷たい水も熱すれば沸騰して、蒸気になって消えていく。何だか理由はわからないが、熱には不思議なパワーがあるものだ……ということで、それを大がかりに利用した最初の仕掛けが熱機関だった。ワットがのちに実験で確かめたように、1リットルの水は沸騰すると1600リットルほどの蒸気にふくれ上がる。この熱膨張が蒸気機関の原理となった」

洋平「でも、セーヴァリやニューコメンのエンジンは、なぜ正面切って蒸気機関とよばれないことが多いんですか？」

先生「セーヴァリのポンプ機関にしろ、ニューコメン機関にしろ、一応、動力に蒸気を使っている。けれども、大事なところでは大気の圧力に仕事をさせているってことなのさ。

　たとえばニューコメン機関の図をよく見ると、蒸気を使っているのはピストンを押し上げるときだけだ。大事なのは水を汲み上げるときなのだが、この仕事は、大気圧がピストンを押し下げるときに行われている。ニューコメンの大気圧機関とよばれるのも、そのためだ」

クマさん「じゃ、なぜ、ワットのは蒸気機関というんです？」

先生「あとで話すけれども、ワットの蒸気機関は、ピストンの行きと帰りの両方に蒸気を使っている。もはや大気圧のお世話にならなくていい。大気圧でせいぜい1気圧が目一杯の力なんだから、大気圧機関をSL（蒸気機関車）に備えつけて走らせるなんて芸当は、できやしない」

洋平「でも、ワットの機関も最初のころは大気圧機関だったんでしょ？」

先生「そうだね。しかし、ワットは熱効率をどんどん追求していった人で、太いシリンダーを暖めては冷ますというような非効率的なことはやめて、蒸気を

シリンダーの外に導いて冷やすようにしたりもした」
洋平「ワットはすぐれた技術者であり科学者であった、と……」
先生「そういわれているね。潜熱(融解熱などの総称)の一つである気化熱が、温度が上がるにつれて小さくなることも発見している。

　蒸気と、そのもとになる水の容積比は正しくは約 1600 倍なんだが、ワットは今から 250 年ほども前に、1800 倍というごく近い実験値を出している。

　もっとも、これは蒸気機関の限界を示す数値でもあって、やがて蒸気機関は小型で高圧縮比のガソリン・エンジンに主役の座を譲ることになる……」

　潜熱という言葉が出てきました。高校で習いますが、日常生活であまり使われることもありませんので、忘れた人もいるのではないでしょうか。そういう人のために、高校で出てきた言葉をちょっと復習してみましょう。

　たとえば、氷を熱する場合を考えましょう。氷は 0℃ と信じている人も多いと思いますが、実は冷やせばどんどん冷えます。ここで－10℃ の氷を持ってきましょう。これを熱してみます。当然、氷の温度はどんどん上がって、しまいには 0℃ になります。しかし、ここで奇妙なことが起こります。熱しても、温度が上がらなくなるのです。

　なぜかというと、このとき、熱は〝氷を水にするのに使われている〟か

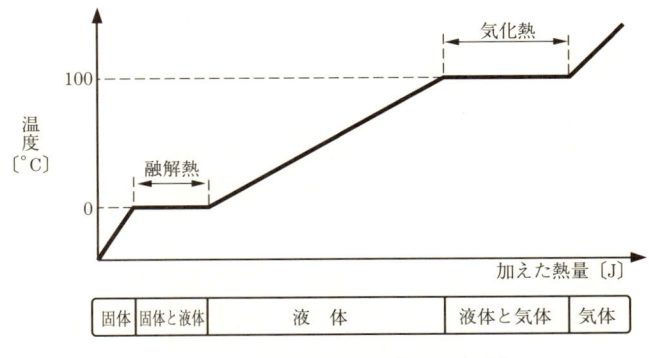

図 1-6　水の三態と温度変化

らです。

　よく知られているように、固体というのは分子が整然と並んでいる状態です。固体の結合力はかなり大きいものです。ですから、固体から液体へと変化するためには、分子と分子の結合を引き離すエネルギーが必要となります。このエネルギーが潜熱です。

　氷は0℃で融け始めますが、この温度を融点といいます。この融点において、氷をすべて水に変えるのに必要なエネルギー（潜熱）を融解熱といいます（正しくは、圧力を一定にして測ります）。氷がすべて水に変わってしまえば、その後、温度は上昇をはじめます。

　また、いわゆる蒸発熱（液体を気体にするために必要なエネルギー）は、融解熱よりもかなり大きい値です。なぜなら、気体というのは完全にフリーの状態ですので、たくさんのエネルギーが必要になるためです。水でいえば蒸発熱は1gあたり550cal（1calは水1gを1℃上げる熱量）ですから、単純にいえば水の温度が550℃上昇する熱量に相当します。融解熱はその約7分の1の80calです。

　ちなみに、温度に反映されないで、熱があたかも物質に吸い込まれて、潜んでしまうように見えることから、潜熱と名づけられました。

ムダは発明の母

　スミートンが彼のエンジンをつくるよりも11年前、グラスゴー大学にあるニューコメン・エンジンの修理の依頼を受けた人物が、当時28歳のジェームズ・ワット（James Watt，1736〜1819）でした。これがワットにとって、いえ、人類にとって運命的な出会いでした。彼は科学機器技術者として大学の中に店を開いていて、当時の熱力学の第一人者ブラック（Joseph Black，1728〜1799）の講義録も作成しています。ブラックについての詳しいことは次の節に譲りましょう。

　ワットはグラスゴー大学のエンジンを実際に動かしてみて、すぐにその根本的な問題点に気がつきました。

　ニューコメン・エンジンのシリンダーは大きくなるにつれて、薄い真

鑄(ちゅう)から厚い鉄製に変わっていきました。金属の量が増えたため、冷やしたシリンダーの温度を再び蒸気の温度にまで上げるのに余計な熱が必要になり、蒸気もたくさんいるようになっていました。その反対にピストンを下げるときには、蒸気を凝縮させるのに大きなシリンダーを冷やさなければならないため、冷却水も余計に必要になります。

図1-7　ワット

　ブラックの理論を参考にしながら、ワットは蒸気機関に必要な蒸気の量を実際に計算してみました。驚いたことに、ニューコメンのエンジンでは、使われる蒸気のたった1/3が、本来の目的、つまりシリンダーを満たして動力をつくることに使われているだけでした。残りはいわばドブに捨てていたのです。

　ワットの改良は3つの点に絞られます。第1は図1-8に示すように、高温・高圧の水蒸気をシリンダーの中に送ってピストンを押すことでし

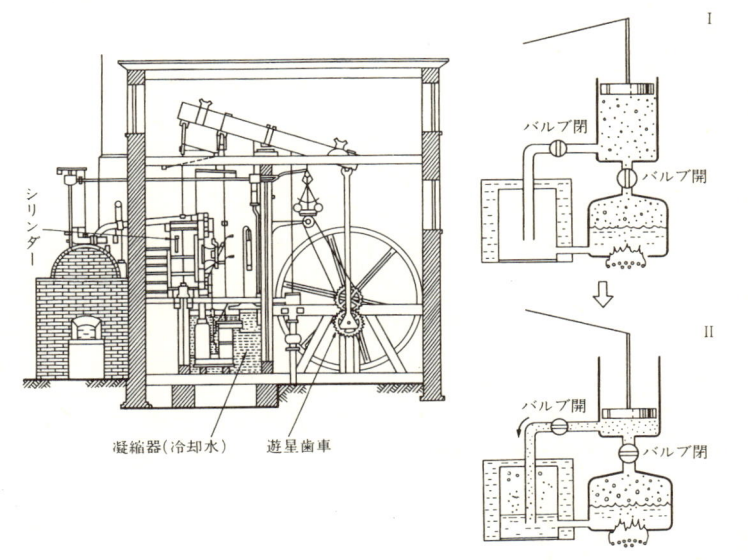

図1-8　ワットの蒸気機関（右の図は凝縮器の役割）

た。図1-5に示したニューコメンのエンジンでは圧力が1気圧弱であったことと比べると、ピストンを押す力がはるかに大きいことは明らかでしょう。

　第2の特徴は、ピストンが下向きの運動をする間に蒸気を凝縮させる「別の容器」を使うことでした。さらに、この容器とシリンダーとを、弁をつけたパイプでつなぎました。こうすると、ピストンとシリンダーはいつでも、入ってくる蒸気と同じ温度にしておくことができ、必要な冷却用の水もずっと少なくてすみます。ニューコメンのエンジンでは直接シリンダーを冷やしていたのですから、大変非効率です。図1-9は、ニューコメンとワットのエンジンの違いを強調した図です。

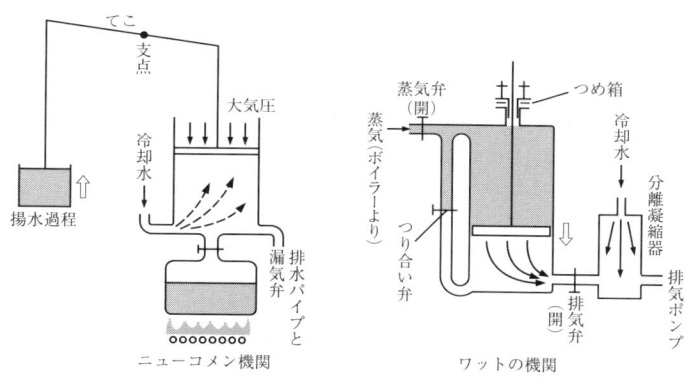

図1-9　ニューコメン機関とワット機関

　第3の特徴として、ワットは、シリンダーの上部を「つめ箱」で密封し、ピストンの棒は上下に動くことはできても、蒸気は通れない(漏れない)ようにしました。ここまで工夫すると、残る問題は1つだけになります。それは、蒸気が凝縮してピストンの下に真空ができたあと、どうやってピストンを上に戻すかという問題です。ワットはこれを解決するため、シリンダーの上端と下端をパイプでつなぎ、中途に「つり合い弁」をつけ、ちょうどよいときに開いて、ピストンの上の蒸気が下に行き、下の真空を破るようにしました。そうすれば、てこの棒の重さでピストンは上まで行き、うまく1サイクル(1往復)を終えることになります。

ワットの発明から230年たった今でも、テームズ河のほとりに行きますと、ワットの蒸気機関が据えつけられていて、週に1回、当時とまったく同じ運動を見せてくれます。

漱石は蒸気機関が嫌いだった？

　アジア地域でケーブルカーがいち早く開業されたのは1888年、イギリスの植民地であった香港のビクトリア山であった。ピーク・トラムウェイ（Peak Tramway）といって、蒸気機関で巻揚機を運転する方式のものだった。これは日本最初の生駒山（いこまやま）ケーブルカーに先立つこと20年である。

　明治33（1900）年9月、イギリスへの留学中の夏目漱石は、このケーブルカーに乗って「山ノ絶頂迄（まで）鉄道ノ便ヲ借リテ六、七十度ノ峻坂（しゅんぱん）ヲ上リテ四方ヲ見渡セバ其ノ景色ノ佳ナル事、実ニ愉快ニ候（そうろう）」との手紙を鏡子夫人に送っている。

　さて、舞台を明治34（1901）年4月25日に移す。大英帝国の象徴であったビクトリア女王が逝去してから、やっと3ヵ月が過ぎたころである。前年の10月末、文部省派遣の国費留学生としてイギリスに到着し、あれこれ思案のあげく、ロンドンを滞在の地と定めた第五高等学校教授の漱石の留学生活は、半年が経過していた。それなのに、漱石は転々と下宿を変え、この日に4軒目の宿、ザ・チェイスに下宿することになった。当初は用意周到に実地見分まで行ったケンブリッジ大学での勉学生活をあきらめた漱石は、シェイクスピア研究家として知られるウィリアム・ジェームズ・クレイグから個人教授を受けることにした。

　この老学者を知りえたのは、手紙で紹介を求め、ロンドン大学で数回の講義を受けたからである。この個人授業を受けるため、漱石はロンドンの

図1-10　開業当時のロンドンの地下鉄

地下鉄、オパール駅からバンク駅を経てランカスターゲイト駅までを往復経路にとっている。そしてロンドンの地下鉄の印象を「空気が臭い、汽車がゆれる」と記している。(明治 34 年「倫敦(ロンドン)消息」より)

世界最初の地下鉄が、大英帝国の首都ロンドンを舞台として開業したのは、1863 年のことであった。当時の日本は徳川幕府の施政下にあり、攘夷(じょうい)(外国を排斥すること)をめぐって大荒れを繰り返し、4 年後に大政奉還を迎える。

絵からも明らかなように、ロンドンの地下鉄も蒸気機関が動力であったから、空気が臭いのは当然のことである。この不愉快さを我慢して、地下に鉄道を通さねばならぬほど、ロンドン市内は混雑を極めていた。

ヤカンから蒸気機関へ

歴史や社会科でご承知のように、イギリスで世界に先駆けて産業革命が起こったのは 18 世紀の初頭のことです。その結果、イギリスは「世界の工場」とよばれるくらい、圧倒的な量の工業製品を世界中に送り出すようになりました。なかでも、代表的な産業は繊維産業でした。飛杼(とびひ)といっても読者には初耳だろうと思いますが(布を織る際、横糸をつまんで縦糸の間を往き来するシャトルのことを飛杼といいます)、このシャトルをバネによって自動的に往復させることにより、それまで手工業であった機織(はたお)りに革命が起き、それを追いかけるようにして紡績(糸紡(いとつむ)ぎ)も機械化されました。こうして英国では、まず繊維工業が一大産業にまで発展したのでした。

ただし、動力は最初、水車に頼っていたため、産業といっても農村などの地域に限定されていました。

その動力源が水力から蒸気力に移ったのは、ジェームズ・ワットの複動式回転機関の発明によります。これは、ピストンの往復運動をクランク軸を介して回転運動に変える蒸気機関で、当時としては画期的に効率のよいものでした。ちなみにその熱効率は、以前の熱機関の 4 倍以上にもなりました。

よく、ワットはヤカンのフタが蒸気の力でパクパクするのを見て、蒸気機関を思いついた、と書いた少年向けの本を見かけますが、実際には上にも述べましたように、ニューコメン機関の蒸気消費量の大きいことに驚いたのが、彼の発明の動機だったのです。

面白いことに、ワットの成功のカギは、熱効率——すなわち、使われた熱量と行われた仕事との比——の改善にあるというのが熱工学者一般の見方ですが、自動制御の専門家にいわせますと、回転速度を自動的に調節する「調節器」を発明して取りつけたことが成功のカギであったというのです。どちらも相まって……というのが真相でしょうが、専門家によって目のつけどころがこうも違うという興味深い一例です。さらには、何といってもシリンダーの加工精度がよかったからだという人もいます。

彼の研究の仕方を見てもわかるように、ワットは単なる発明家ではなく、理論を重んずる科学者の姿勢をもっていました。当時は、蒸気機関の効率を示すのに、(汲み上げた水の量)/(使った水蒸気の量)という比を用いていました。しかしこの比率には、どれだけの高さだけ水を汲み上げたかの、「高さ」が含まれていません。そこでワットは図1-11の装置を製作して、馬の性能と比較する方法を考案しました。現在、仕事率の単位としてワット(1馬力=3/4キロワット)が用いられますが、ジェームズ・ワットのアイディアにちなんだ命名です。ただし、ワットの時代には、「仕事」の概念はまだ固まっていませんでした。

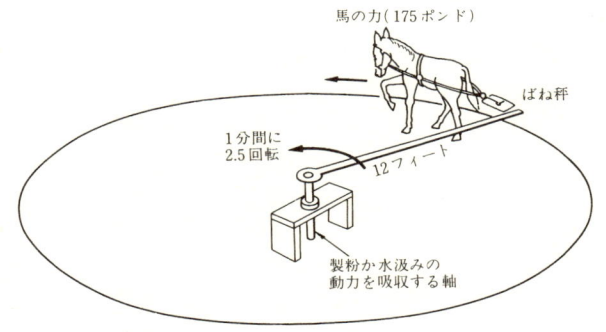

図1-11　馬力の測定(富塚清、「動力物語」、岩波新書を参考)

現在では、1馬力＝75kg・m/sec ですから、75kg(およそ人間一人分の体重)のものを1秒間に1メートル持ち上げる能力に匹敵します。ただしこれはフランス馬力(PS)で、イギリス馬力(HP)よりも若干少なめです。

　仕事という言葉が出てきました。仕事とは英語で work と、そのままですが、ただ「仕事」といわれてもちょっと想像ができません。

　まず、仕事の話をする前に「力」の話をしなくてはなりません。物理でいう力も、基本的には日常的に使われる力と変わりません。押したり引っ張ったり、すべて力です。ただ、単位が面倒です。ニュートンが、(質量 kg)×(加速度 m/s^2)＝(力)ということを明らかにしたので、単位としては kgm/s^2 が使われます。これをニュートンといい、N と書きます。つまり、質量 1kg の物体に加速度 1m/s^2 をあたえるような力が 1N なのです。

　力がわかると、仕事はすぐに定義できて、

$$(力\ kgm/s^2) \times (動いた距離\ m) = (仕事\ kgm^2/s^2)$$

となります。仕事の単位は kgm^2/s^2 ですが、これは簡単に J(ジュール)と書かれます。実は、この J は熱量の単位 cal と、1cal＝4.1855J の関係があるのですが、このことについては 81 ページでお話しします。

　さて、たとえ仕事をしても、ダラダラやっていては、いくら時間があっても足りません。そこで、どのくらいの効率で仕事をやっているかを表すのに

$$(仕事率) = (仕事\ J) \div (時間\ s)$$

を定義します。てきぱきとやれば、仕事率は上がりますが、ダラダラやれば、仕事率は下がります。単位は J/s ですが、これを W(ワット)と書きます。だんだん混乱してきましたね。ニュートンとかジュールとかワットとか……。

　さて、ついでに圧力も定義しておきましょう。圧力は単位面積あたりの力ですので

$$(圧力) = (力\ N) \div (面積\ m^2)$$

と定義されます。単位は N/m^2 ですが、これを Pa（パスカル）とします。

最初の自動車は蒸気自動車！

図1-12は日本最初の輸入自動車の広告である。明治34年3月26日付け東京日日新聞に、次のような輸入車販売広告が掲載されている。

「自動車、原名オートモビル、1901年型ナイヤガラ号、右は目下欧米諸国に於て盛んに流行仕居候。自動車中最も完全なる新型にして、車体は堅牢美麗を主とし、蒸気機関は決して破裂の憂なくして優に八馬力を給するの外、20度内外の坂路を登り得、其進行に要する費用の如きは甚だ低廉なるものに御座候……云々」（佐々木烈『日本の輸入車』日刊工業新聞社）。

この広告文を読んで奇異の感がするのは、動力として蒸気機関を選んでいて、現在のガソリン・エンジンを用いていない点である。

ワットが特許明細書を提出したのは1782年であるから、蒸気機関はそれまでに119年間の技術的な蓄積や改良を重ねている。これに対して、オットーがガソリン機関を発明したのは1876年であるから、この広告のわずか25年前であった。そのため、技術的な経験では、蒸気機関がガソリン機関よりも圧倒的に有利であったに違いない。

とはいえ、蒸気自動車の寿命は短く、1913年、フォード（Henry

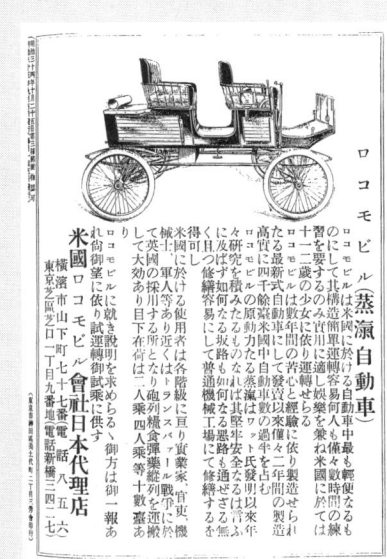

図1-12　日本初の輸入自動車の広告

Ford, 1863〜1947)がコンベア・システムを導入してガソリン車の大量生産に成功してから、蒸気自動車はまたたく間に姿を消してしまった。

頂上の克服

現在では自動車やオートバイはすべてガソリン・エンジンを動力にし、工場では電動機が活躍していて、蒸気機関を直接観察する機会はほとんどないといえます。

このガソリン・エンジンの偉大なる開拓者として、ゆるぎない位置にある人がいます。それはドイツのケルン出身のニコラス・アウグスト・オットー(Nicolas August Otto, 1832〜1891)です。

オットーは体系的な学校教育こそ受けませんでしたが、インスピレーションを実地に応用する能力に長けた発明の天才でした。幸いにも、豊富な資金に恵まれ、技術教育も受けた技術者オイゲン・ランゲンが現れてオットーと協力することになり、2行程エンジンを開発することに成功しました。

基本的には、このエンジンはシリンダーとピストンからなり、ピストンが外に向かって動くとき、弁を通ってガスと空気の混合物がシリンダー内に入り込むようにできています(図1-13〔I〕吸入)。

次にこの混合気を圧縮して(図II)、この運動の適当な箇所で混合物に電気点火をし(図III)、爆発で生じる熱によって混合気の圧力を増して、ピストンはもっと外へ押し出されます。オットーは、この外向きの運動の点火の時期がエンジンの効率を決めるカギであることに気づきました。点火の時期が早すぎると、燃料が少なすぎてピ

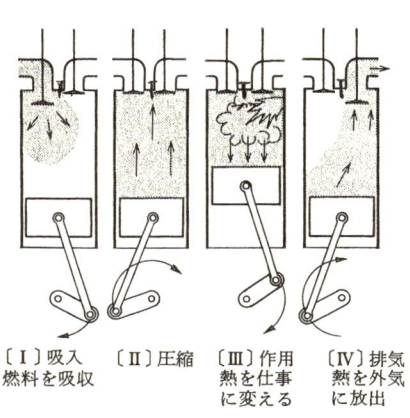

〔I〕吸入　〔II〕圧縮　〔III〕作用　〔IV〕排気
燃料を吸収　　　　　熱を仕事　熱を外気
　　　　　　　　　　に変える　に放出

図1-13　ガソリン・エンジンの行程

ストンは端まで行かず、いわゆる「頂上の死角」ができてしまいます。オットーはまず混合物を入れ、点火の前に圧縮しておくと、よい結果が得られることを発見したのです。

ここで一言つけ加えておきますと、ワットによる蒸気機関の発明からオットーのガソリン・エンジンの発明までの間には、約100年がたっています。奇しくも（というよりも成り行き上当然でしょうが）その100年間における熱理論の進歩はめざましく、ブラックによる比熱や潜熱の理論、ランフォードによる摩擦熱の研究、フーリエによる熱伝導理論、さらには熱力学の基礎であるカルノー・サイクルの発見、マイヤーによるエネルギー不滅の概念とジュールによる熱の仕事当量の決定、クラウジウスによる熱力学第2法則の定式化、それに第1法則の定式化など、熱力学における重大事件が、およそその100年の間にすべて出そろったのですから、なんともすごいことです。詳しくは以下の章で述べることになりますが、ついでのことにディーゼル・エンジンにふれて、この節を終わることにしましょう。

ディーゼルは悪くない

ルドルフ・ディーゼル（Rudolf Diesel, 1858～1913）は最初アウグスブルグで、のちにミュンヘンで教育を受け、工科大学をクラスの首席で卒業しました。今でも液体酸素や液体窒素を製造する装置をリンデの装置とよびますが、ディーゼルは、この機械冷凍の開拓者リンデ教授の講義を受け、その流れを受け継いでいました。

リンデ教授の講義の中で、蒸気機関の効率が理論的な可能値と比べていかに低いかを知って、ディーゼルは強く胸を打たれました。卒業後、彼はリンデ製造機会社に技術者として勤め、のちに支配人として活躍しました。

ある日のこと、彼が製氷工場のアンモニア圧縮機を見守っている最中、その機械から放熱される熱量の大きいことに驚いて、新しいエンジンを思いついたということです。これがディーゼル機関でした。

ディーゼルが思いついたそのエンジンは、オットーの機関と似てはいる

のですが、点火の方法がまったく異なっています。

　オットーの内燃機関は、気化したガソリンと空気の混合物をシリンダー内に吸い込み、圧縮して火をつけ爆発させるものでしたが、ディーゼルの内燃機関は、まず空気を吸い込み、それをオットー機関の数倍に圧縮します。空気をもとの体積の 1/16 に断熱的に圧縮すると、温度は約 540℃ にも達します。この断熱的という言葉は、さしあたって、まわりと熱のやりとりをするひまがないほど急速に圧縮する、と考えていてよいでしょう。

　このように急速に圧縮すると空気の温度は高くなるので、ここに燃料（重油）を吹き込むと、点火装置がなくてもおのずと爆発することになります。ただしディーゼル機関の欠点は、1馬力あたりの重量が重いことです。圧縮を強化すると燃焼時の圧力や振動が大きくなり、それに耐えるためにシリンダーなどの構造物を丈夫につくらなければならないからです。しかし、熱効率が高く、粗悪な油が使えるため、多くはバス、トラック、船舶用機関に進出しています。

　最近、わが国の大都市でもディーゼル自動車が排ガス規制の対象として槍玉に上がっていますが、さて、どうなることでしょうか。

1.2　温度は温度、熱は熱

温度計という大発明

　人間は暑さ寒さを自分の肌で感じ取り、物の熱さ冷たさは手で触って知ります。子どもが風邪をひいたようなときには、お母さんは子どもの額に手を当てて、熱が出ているかどうかを調べます。このように、私たちはときに「熱い（暑い）」と言ってみたり、ときに「熱がある」と言ったりしますが、とくに温度と熱を厳密に使い分けているわけではありません。これは私たちばかりではありません。長い間、科学者たちも温度と熱をはっきりと区別せず、同じ名前であるカロリー（calory）またはカロリック（caloric）を用いていました。

　熱とは何か、についてはあとで調べることにして、まず温度の正体を明らかにしていきましょう。温度とは、人間が感じとしてとらえている暑

さ、寒さ、熱さ、冷たさを数字で表したものです。といっても、人間が触った感じの熱さや冷たさは個人差もあり、客観的ではありません。

そのため、温度を数量的に、すなわち数字で表すために、いろいろな試みがなされてきました。図1-14は、ガリレオがピサの大学で空気の膨張を利用してつくった温度計です。熱膨張に目をつけた点は独創的ですが、定量的に満足なものとはいえませんでした。

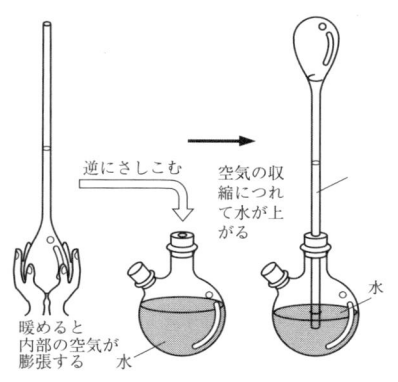

図1-14 ガリレオの温度計

現在用いられている温度計のように、目盛りをつけて温度を数字で表そうとする最初の試みは、17世紀の中ごろに出現しました。熱病患者の体温を知るために、フランスの医者ジャン・レーは、ガラス球にガラス管をつなぎ、中に水を入れた器具を考案しました。ガラス球を患者に接触させると、熱によってガラス球中の水の体積は膨張します。そこでガラス管に目盛りをつけて、水柱の高さの変化から患者の体温を測ったのです。これは、現在使われているアルコール温度計や水銀温度計と同じ原理に基づいています。

2人の中国人？

その後、世界各地でまちまちな温度目盛りが使われていましたので、この不便を解消するため定点として水の沸点を100度、融点を0度として、その間を100等分して温度を定義する方式が1742年に提案されました。この方式で表された温度は、提案したスウェーデンの天文学者セルシウス(Celsius Ander、1701～1744)の名前をとって、セルシウス度(摂氏、℃)とよばれ、現在、世界でもっとも広く用いられています。摂氏という名前はセルシウスの中国語表記、「摂爾修」の頭文字です。このほかに、アメリカやイギリスでは華氏(℉)が用いられています。華氏の目盛りはドイツ

の科学者ファーレンハイト(Fahrenheit)が1742年に提案したもので、その当時得られる最低温度を0度($-17.8°C$)、純粋な水の融点を32度としました。この華氏($°F$)を使うと、アメリカやヨーロッパの北部では気温が$0°F$から$100°F$に入るため、なかなか人気があります。ちなみに華氏とは、ファーレンハイトを中国で「華倫海」(ファーレンハイト)と表記することから、こうよばれます。記号のCの左肩に小さく丸印をつけるのは、電気の単位C(クーロン)と間違えないためであり、Fにつけるのは F(ファラデー)と間違えないようにするためです。

さらに熱力学の国際単位(SI, International System of Units)では、絶対温度としてケルビン温度 T [K] が採用されています。摂氏の温度を t [°C] とすると

$$T = t + 273.15 \tag{1-1}$$

の関係が成り立ちます。なお、日常生活では主に摂氏(°C)、また熱力学では絶対温度が用いられます。

少し脇道にそれましょう。いままで、摂氏の0°Cを決めるのに氷の融点を基準にしてきました。この温度では氷と水が共存しています。水蒸気は含まれていません。

これに対して、容器の中に氷、水、水蒸気が共存している状態を3重点といいます。この状態の圧力 P_T は 4.579mmHg=610.68Pa=6.025×10^{-3}気圧、温度は $t_T = 0.01°C$、$T_T = 273.16K$ であたえられます。添え字の T は Triplet Point すなわち3重点の記号です。

話をもとに戻しましょう。

絶対温度は19世紀末、ケルビン卿によって理論的最低温度として定義されました。そのため、絶対温度の記号 K は Kelvin の頭文字からとっているということは前にも述べました。

さて、大気中で温度を測るとき、異なる物質を使った温度計で同じ目盛りを用いるとしますと、0°Cと100°Cは一致しても、たとえば水銀温度計の50°Cがアルコール温度計では50.7°Cと、食い違ってしまいます。つまり、物質によって熱膨張率が一致しません。しかも、同じ物質、仮に水銀を例にとると0°Cの比重は13.591、99°Cでは13.3539と約2%近くも減

少しています。そのため、物質の種類に無関係な温度の目盛が必要とされたのです。ちなみに比重とは、4℃の水 1cm³ の重さに対する物質 1cm³ の重さの比ですが、その値はほとんど密度（g/cm³）と同じです。

サウナではなぜヤケドしないのか

　サウナの温度はおよそ 90℃から 110℃、沸騰するお湯と同じくらいです。こんなに高温なのに、人はヤケドするどころか、かえって爽快になるのはなぜでしょうか。

　理由は 2 つあります。

　1 つは、体全体に汗をかいて、皮膚を覆い、直接水蒸気に皮膚が触れないためです。

　もう 1 つは、体の表面から水蒸気が蒸発して、蒸発熱（気化熱）が体から奪われ、冷やされるためです。

　蒸発熱は冷却効果が非常に大きく、たとえば水 1g を 0℃から 100℃に温めるのに必要な熱が 100cal なのに対し、蒸発するには約 5.5 倍の 550cal も必要です。

　サウナでは水蒸気がたちこめているようにみえますが、図 1-15 からもわかるように、実際は不飽和状態（サウナの蒸気圧は 30〜40mmHg）ですから、湿度は 4％に過ぎません。そのため水が激しく蒸発して体は冷却されます。

　同じことは、ヘアードライヤーについてもいえます。ドライヤーの熱風を測ると約 120℃くらいです。こ

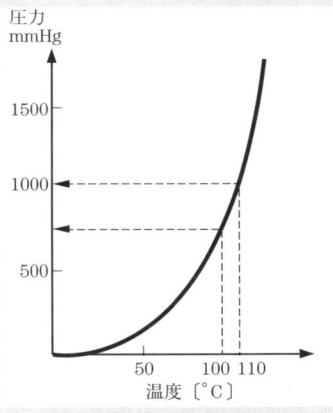

図 1-15　飽和蒸気圧曲線

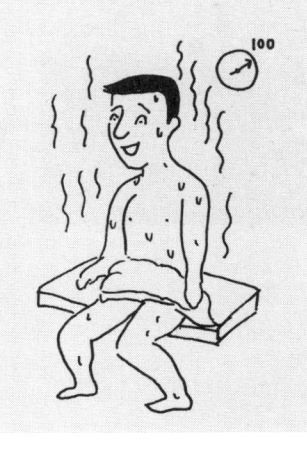

れも、髪の毛が濡れていて、蒸発熱に消費されるために、適当な温度に下がってそれほど熱く感じません。

熱容量とは何か

　高温の物体と低温の物体を接触させると、高温の物体の温度はしだいに下がり、低温の物体の温度はそれにつれて上昇します。このとき、高温の物体から低温の物体に熱が移った、と定義します。やがて、両者の温度が一致して、熱の移動はなくなります。この状態を熱平衡といい、このような平衡状態が存在することを、教科書によっては、熱力学の第0法則とよぶことがあります。

　ところで、「熱とは、物体から物体へと移動する、重さのない流体である」とする説を熱素説といいます。この熱素説は、否定されましたが、熱力学の祖ランフォードに、熱についての有力なヒントをあたえました。ただ、これはあとの話にしましょう。熱素説の強力な支持者の1人にジョセフ・ブラック(Joseph Black, 1728〜1799)がいます。ブラックが熱力学史上で果たした役割は、きわめて大きく、彼によって初めて熱力学は近代物理学として形成される出発点を得たのでした。その意味で熱力学におけるブラックは、力学におけるガリレオ(ピサの斜塔の実験で有名)に相当するといっても過言ではありません。定量的で数学的な熱力学をつくりあげるために、ブラックは「熱容量」や「潜熱」の概念を初めてつくりあげ、また、熱量の測定法を確立しました。

図1-16　ブラック

　18世紀はスコットランドで啓蒙主義と産業革命が盛んになった時期です。それにふさわしく、ブラックの交遊や知己も多彩をきわめていました。彼は、1756年、医学者兼化学者のW.カレンの後を継いで、グラスゴー大学の教授になり、そこでジェームズ・ワットを支援しました。

その後エジンバラ大学に移り、教育者としてすぐれた評価を得ました。医師としては哲学者デーヴィッド・ヒュームの主治医としてその最期をみとり、「国富論」で有名な経済学者アダム・スミスや地質学の祖ジェームズ・ハットンらとも交遊がありました。

　ブラックのエジンバラ大学での師であり、またグラスゴー大学の前任者でもあったカレンは、「火の理論」の建設をめざしていました。ところが当時は、温度と熱の区別さえ、はっきりしていませんでした。しかもそのころの物理学はニュートンの影響を強く受けて、加熱した物質の密度に反比例して温度が上がる、と信じ込まれていたくらいです。具体的にいえば、水銀の密度は水の密度の 13.6 倍だから、比熱(物質 1g を 1℃上げるのに必要な熱量)も水の比熱の 13.6 倍になる、と考えられていたのです。

　実際に温度計を使って測ると、結果は逆になります。ブラックの講義録によりますと、体積 2 の水と体積 3 の水銀を図 1-17(a)のように接触させると、初めの温度に関係なく、最終的に両方の温度計は中間の位置で熱平衡になります。

　また、図 1-17(b)のように、互いに同体積の水と水銀の温度差が 50 度であれば、どちらの温度が高い場合でも水銀から 30 度、水から 20 度のところで平衡が得られました。

　(a)は、体積 3 の水銀が失った熱量が、体積 2 の水が得た熱量に等しいことを意味しています。

　また(b)は、水銀と水の体積が等しいとき、水銀の失った熱量と水の

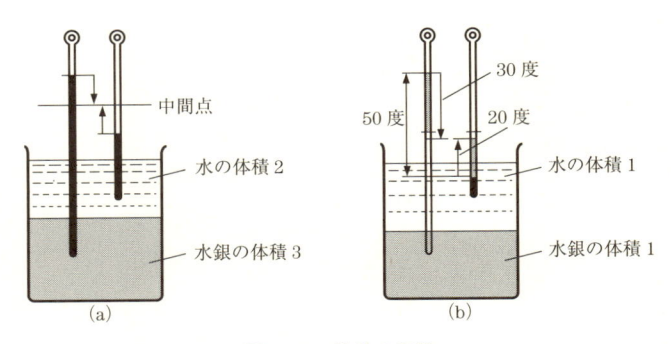

図 1-17　比熱の実験

得た熱量の比が 3：2 であることを示しています。

このように、ある物体の温度変化は、当然その体積や質量によって変わります。そこで、ある物体の温度を 1 度高めるのに必要な熱量を熱容量と定義します(記号は大文字の C を使います)。当然のことですが、熱容量は比熱と違って単位質量(もしくは体積)ごとの値ではありません。

つまり、同じ分量の水を容器に流し込んでも、容器の大きさによって水面の上がり方が違うように、一定量の熱が同一種類の物体に流れ込んでも、この物体の量によって温度の上がり方は違います。その温度の上がり具合をそのまま(単位質量当たりなどといわずに)表すのが熱容量なのです。

(a)、(b)をまとめますと、水銀の熱容量と初めの温度を C_{Hg}、t_{Hg}、水の熱容量と初めの温度を C_{H_2O}、t_{H_2O} とすると、熱平衡の温度を t として、一方から他方へ移った熱量は当然等しいので

$$C_{Hg}(t_{Hg}-t) = C_{H_2O}(t-t_{H_2O}) \tag{1-2}$$

と表すことができます。この式は、水銀が失った「もの(熱量)」と水の得た「もの(熱量)」が等しいことを表します。つまり、(1 - 2)からは、熱量の保存則が成り立つとして「熱量」が定義されます。

さて、熱容量はその物体の温度を 1 度上げるのに必要な熱量ですから、熱容量の単位はカロリー/度で、たとえば 15cm³の水の熱容量は 15cal/K となります。(1-2)と実験(b)をもとにすると

$$\frac{C_{Hg}}{C_{H_2O}} = \frac{t-t_{H_2O}}{t_{Hg}-t} = \frac{3}{2} \tag{1-3}$$

水の体積を 15cm³とすると、$C_{H_2O}=15$cal/K ですから、水銀の熱容量は

$$C_{Hg} = (2/3) \times 15 = 10 \text{cal/K} \quad (15\text{cm}^3\text{の水銀}) \tag{1-4}$$

便利な比熱

しかし、同じ質量の物体でも、金属・木・石など種類が違うと熱容量も

表 1-1 物質の比熱(cal/gK)

物 質	比 熱	物 質	比 熱	物 質	比 熱
アルミニウム	0.211	鉛	0.0304	氷（0℃）	0.487
石　　墨	0.167	水　　銀	0.0330	磁　　器	約 0.2
鉄	0.107	黄　　銅	0.092	セキエイガラス	0.188
銅	0.0919	アルコール	0.570	石	約 0.2
銀	0.0560	海　　水	0.94	紙	約 0.3
白　　金	0.0316	石　　油	0.47	木　　材	約 0.3
金	0.0309	ナタネ油	0.47	ゴ　　ム	約 0.4
水　　銀	0.033			砂	0.19

違ってきます。すなわち、同じ熱量で、同じ質量のものを温めても、温度の上昇の大きいものと、小さいものとがあります。そこで、単位量の物質の温度を1度上げるのに要する熱量を、この物質の比熱と定義します(ここでは小文字の c を使います)。普通、単位量として1gをとるので、比熱の単位は cal/gK です。

　もっとも身近な物質である水の比熱は 1cal/gK です。この値は、ほかの液体や固体の値と比べて比較的大きい値です。いろいろな物質の比熱を表1-1に示しておきました。また同じ物質でも、その状態(固体・液体・気体)によって比熱が違います。たとえば、氷の比熱は約 0.5cal/gK ですから、同じ熱量を与えても、水よりも氷のほうが2倍温度が上がります。

　水銀の質量を m_{Hg}、比熱を c_{Hg}、また水の質量を m_{H2O}、比熱を c_{H2O} とすると(1-2)は

$$c_{Hg} m_{Hg} (t_{Hg} - t) = c_{H2O} m_{H2O} (t - t_{H2O}) \qquad (1\text{-}5)$$

と表すことができます。

　一般に質量 mg、比熱 c cal/gK の物体の温度を t K 上げる、あるいは下げるのに必要とする熱量 Q cal は

$$(熱量) = (質量) \times (比熱) \times (温度変化)$$
$$Q = mct \qquad (1\text{-}6)$$

より計算できます。この式が、熱量計を使う実験の基礎式となります。

横丁ゼミナール

クマさん「あれ、陽子ちゃん、遅いじゃないの。天才は忘れたころにやってくる……か」

陽子「すみません、遅れちゃって」

先生「話は始まったばかりだからね、いいんだよ」

洋平「美女は得だなァ。……ところで先生、図1-17のブラックの実験は何の実験なんですか？ 熱容量を決めるため？」

先生「当時、ニュートンが重さ（質量）というものを物質の重要な性質だと考えていたことは周知の事実だった。そのためもあってか、熱は物質の種類を問わず、同じ質量に同じ量だけ分配されるという考えがあって、重いものはそれだけたくさん熱を収容できると思われていた」

陽子「熱を収容できる、ということは、ヒート・キャパシティ、つまり熱容量が大きいということですか？」

クマさん「大っきな釜の水はなかなか沸かないからなァ」

先生「うん、まあ、その程度の認識は当時の人も持っていたんだろうねえ。重いもの、大きいものはなぜ暖まりにくく、冷めにくいかということで、まず質量が熱の担い手と考えられた。ところがブールハーフェという人は、同じ重さのものでも、物質の種類ごとに暖まりにくさ（冷めにくさでも同じ）が違うということに気づき、唐突ではあったが、熱は同じ容積（空間）に同じ量だけ分配されるという仮説を立てた」

陽子「いってみれば、熱を収容するのは質量ではなく空間である、と」

先生「そういうことだね。熱素というものが空間にいっぱいになる……と。で、そういう時代背景のもとにブラックの図1-17の実験を見てみると……」

陽子「このときの水は水銀よりも熱容量が大きくて、水銀の熱容量を2とすれば、水の熱容量は3になる。つまり、この実験における水と水銀の熱容量の比は3対2である、というのが結論ですか？ ただし、ブラックが熱容量をどのように定義したのかは知りませんが」

先生「よろしい。もともと熱容量というのはブラックによって、"物体の温度を1度だけ上げるのに必要な熱量" として定義された。Qという量の熱でt

度だけ温度が上がったとしたら、熱容量は Q/t と書けばいいのだ。ただそれだけのことなので、物質の質量とか容積とかは考えなくてよい。つまり、熱のキャパシティは質量によるのか容積によるのかという過去のしがらみは関係ないから、この定義はエライといえばエライ」

洋平「しかし、(水)対(水銀)といったように、物質どうしの熱容量を比べるときには、当然、1グラムの水と水銀、あるいは1体積(リットルでも何でも可)の水と水銀を問題にしますよね」

先生「いまでも慣用上、モル比熱といって、1モル(1グラム分子)の物質の熱容量を考えたりする。まあ普通には、1グラムの物質の温度を1度上げるのに何カロリーいるか、を比熱といって、これが用いられるのはご承知の通り」

洋平「ここらへんの話を聞いていますと、物質に熱を加えても、それが素直に物質の温度に反映されない、ということがわかってきますね」

先生「そうなんだよ。物体により異なる熱容量を持ち出すこと自体、"温度は熱をそのまま表してはいない"、つまり"温度と熱は別ものだ"という考え方が根底にあるわけだ。そのようなアイディアをもたらしたという点でも、実は、正確な温度計は画期的な発明だった」

陽子「潜熱の発見も、温度計の発明あってのものでしょうね」

先生「そうだね。ドイツのファーレンハイトという人は水銀温度計と華氏(°F)の発明者として有名だが、過冷却(0℃になっても水が凍らない現象)の水をゆすってやると突然凝固が始まることも発見した。氷が水になるときの融解熱、蒸発するときの気化熱などを潜熱というが、物体に吸収された熱が物質の中に潜んでしまうために、熱を加えても温度上昇が見られないのだ、と当時の人は考えた」

陽子「実際には、吸収された熱は融解や気化のためのエネルギーとして消費されるから、温度が上がらないんですよね？ つまり氷よりも水のほうが、また水よりも水蒸気のほうがエネルギーに富む？」

クマさん「その通り。でしょ？ 先生」

先生「ハイハイ。ただし、そこでエントロピーが噛んでくるんだが、詳しくはまた後で……」

さて、炭素原子 ^{12}C(質量数 12)を集めて 12g にしたとき、その中に含まれる炭素原子の数をアボガドロ数といい N_A と書きます。炭素原子 ^{12}C1 個の質量は 1.993×10^{-23}g ですので、アボガドロ数 N_A は

$$N_A = \frac{12.0 \text{g}}{1.993 \times 10^{-23} \text{g}} = 6.02 \times 10^{23} 個 \qquad (1-7)$$

となります。他の原子や分子もアボガドロ数だけ集めれば、それぞれの原子量、分子量に g をつけた量になります。たとえば、水素分子 H_2 の分子量は 2 ですから、これをアボガドロ数だけ集めると 2g になります。

そして、アボガドロ数だけ集められた物質の量を、1 モル(mol)といいます。なぜ、このような単位を用いるかというと、実際に原子や分子を扱うときには、ある程度の量をひとまとまりとして考えるのが便利だからです。

1811 年、アボガドロ(Avogadro, 1776～1856)は
「同温、同圧、同体積中の気体に含まれる気体分子の数は、分子の種類に関係なく等しい」
という、いわゆるアボガドロの法則を示しました。1 モル(6.02×10^{23} 個)の気体は、0℃、1 気圧の状態で、その気体分子の種類に関係なく、22.4l の体積を占めます。

潜熱の発見物語

次に潜熱に話を移しましょう。グラスゴー大学のカレンは、温度計の球部をアルコールに繰り返し浸すと、アルコールが蒸発して温度降下がより大きくなることや、濡れている球部に風を当てると、同じく蒸発して温度が降下することを発見しています。さらに彼は「蒸発する流体の冷却能力はそれぞれの揮発性の度合いに比例しているのではないか」と考え、各種の液体を用いて実験を繰り返しました。

しかし、カレンは温度の低下を観測しただけで終わってしまい、それ以上前進できませんでした。

いま一つ、カレンにとって不可解な現象は氷の融解でした。「きわめて

奇妙なことに 18℃の水と 0℃(氷点)の氷を混ぜれば、水と氷の中間の温度になるはずなのに、温度計は 0℃付近に停滞しているではないか」。残念にもカレンは、温度と熱の区別をはっきりと理解していませんでした。熱を加えれば温度は必ず上がる、と思い込んでいたのです。実際は、熱は融解熱として使われるので温度が上がらなかっただけの話です。

これに対して、ブラックは高温の鉄を巨大な氷の塊に接触させたとき、氷も、それが融けた水も、常に 0℃を保ち、やがて鉄も氷も水も熱平衡の 0℃になることを確かめました。彼は、鉄がはじめにもっていた熱は、氷を融かして水にするのに使われたのだとして、これを潜熱と名づけました。

ブラックは図 1-18 の実験で苦心惨憺して、(a)のように、温度 80℃の水が同量の氷を 0℃の水にすることをつきとめました。

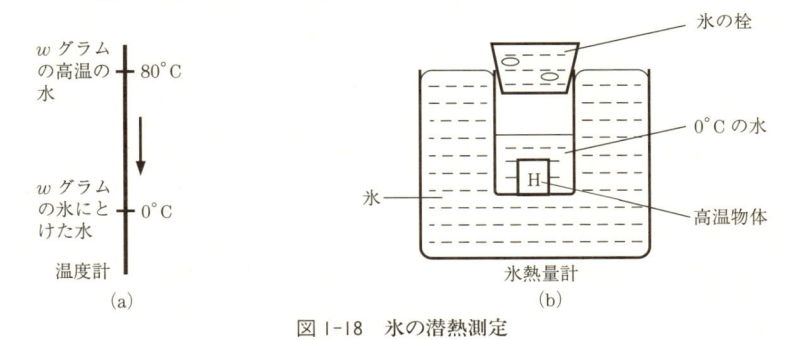

図 1-18 氷の潜熱測定

融けた氷の重さを w g、氷 1g あたりの潜熱を L cal とすると 80℃の w g の水が 0℃に冷却されるときに失われる熱量は

$$w(80-0) = 80w \text{ cal}$$

これが氷が融けるのに必要な熱量 wL に等しいから

$$wL = 80w$$
$$\therefore L = 80 \text{ cal/g}$$

ブラックが測定した氷の潜熱(融解熱)80cal/g はほぼ正しく、その後 180 年間補正されることなく、信頼され続けました。

先にも述べたようにブラックは、1748 年にグラスゴー大学のカレンの

講義に登録し、3年間、カレンのもとで学びました。1752～1755年にエジンバラ大学でなされた学位論文の研究で、ブラックは、通常の空気がいろいろな気体の混合物であり、とくに「固定空気(炭酸ガス)」が生石灰(酸化カルシウム)に固定されるという特殊な性質をもつことを発見しています。これは化学史上で文字通り画期的な発見であり、そのまま研究を進めていたならば、ブラックは気体化学の創始者として後世に名を残したに違いありません。

　しかし彼は、その直後、カレンの後任としてグラスゴー大学に職を得て、熱学の研究に専心してしまいました。当時としては化学と物理の垣根など問題にされなかったのでしょう。

熱の素はあるか

　さて、ブラックは自分の実験結果に基づき、物質から出たり入ったりして、その温度を変える、大気のような目に見えない流体(すなわち熱流体)が存在する、という立場を主張しました。彼の理論はもともと、次の2つの主張に基づいています。
1)　熱流体は作ったり壊したりできない。
2)　物体に出入りする熱流体の量は、物体の質量と温度変化に比例する。

　この理論は一応もっともらしく、実験の結果に一致するように見えました。そればかりか当時の主導的な物理学者や数学者も、こぞってこの理論を支持しました。とくにフランスの偉大な化学者アントワーヌ・ラヴォアジエ(Lavoisier Antoine Laurent, 1743～1794)は、この新しい「熱流体」を新たに「熱素」とよんだ最初の人でした。蒸気の性質やふるまいなどについては、ほとんど何も知られておらず、熱や仕事やエネルギーが互いに関係があるなどとは、当時夢にも考えられないことでした。つまり18世紀後半までは、熱素説や熱流体説が世界を席巻していたのです。

　これがワットの迎えた時代でした。ここでブラックとワットの関係を再めて取り上げてみましょう。スコットランドに生まれたワットは、とくに幾何学にすぐれた才能をもっていました。17歳のとき、科学機器製造の見習いのため、故郷を離れ、商工業の中心地グラスゴーへと向かいまし

た。そこでの訓練によって、彼は高い技術的な能力を身につけることができたということです。

　ワットは21歳のとき、自分の店を持とうとしましたが、彼がまだ見習い期間を終えていないという理由で、職人たちはワットへの協力を拒みました。しかし、家族の友人が救いの手を差しのべ、グラスゴー大学の科学機器製造技師に任命されるよう取り計らってくれました。これはワットにとって大変な幸運でした。

　一方、グラスゴー大学のブラックはウイスキーの蒸留器の改良から1761年に「潜熱」現象を発見し、水が水蒸気に変わるときも同じ現象が起こることを証明していました。ワットはブラック自身から、そのことを教えられ、たいへん感銘を受けたようです。当時、ブラックは他の自然哲学の教授、今でいえば、物理学の教授の知り合いを多く持っていましたが、やがて彼らもワットをすぐれた技術者として尊敬するようになり、さらにワットは後年「科学の人」としても世に知られるようになりました。ワットは48歳でエジンバラ王立協会の特別会員になり、1年後にはロンドン王立協会から同じ名誉を受け、1806年にはグラスゴー大学から学位を授与されました。蒸気機関の改良によって、技術者として産業革命にもっとも大きな影響を与えた人、といえるでしょう。

ガラスはなぜ冷たいか？

　「暑さ寒さも彼岸まで」といいますが、この暑さとか、寒さとかは人間の体感温度です。気象情報で30℃以上なら誰しも暑いと感じ、氷点下といえば身震いをするような感じがします。

　閉めきった部屋の中は熱平衡を保っています。つまり、部屋の壁や金属、あるいはガラスの温度は同じになっているはずです。ところが実際に指で触ってみると、刃物やガラスは、木材や壁に比べて、はるかに冷たい感じがします。これは物質の熱伝導率の違いと、指と物体の間の密着度の違いが主な原因です。金属は木材の100倍くらい熱伝導率がよいので、指先の熱が速やかに金属に移動するために冷たく感じるのです。一方、ガ

ラスの熱伝導率は木材やコンクリートの熱伝導率と同じくらいです。しかし、ガラスの表面は平らですから、ガラスに触っている指先と表面の間にほとんど空気がありません。空気はガラスの1/100ぐらいしか熱を伝えませんから、(空気と比べて)ガラスを冷たいと感じるわけです。

人間は恒温動物ですから、体温はいつも一定に保たれています。もっとも、頭や心臓などの中心部は一定ですが、手足の先などは気温にかなり影響を受けて上下します。人間を取り巻く環境が、暑かったり寒かったりするのですから体温にも影響します。

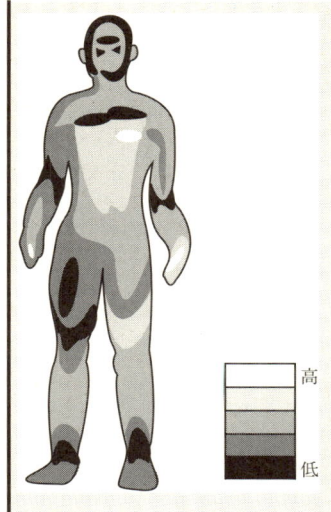

図1-19 人間の温度

人間は冷えてくると、体内で脂肪や糖を燃やして体を温めます。体を温めたあとの余分な熱は、体の表面から放射、対流、伝導の3つの形で、外部に放出されます。これらの自然放熱は、体熱の放出の70％にも及びますが、これでも間に合わないときがあります。こんなときは汗を出して、水の蒸発熱(気化の潜熱)で体熱を奪って冷やすわけです。

さて、体温を上げるには、食べ物が潜在的にもっている化学エネルギーを取りだす必要があります。栄養学では習慣としてキロカロリー(記号kcal)を使います。食べ物は体に入って消化吸収され、さらに分解されて最終的に水と二酸化炭素に分解される過程で、化学エネルギーが熱として放出されます。

世間を翻弄(ほんろう)した科学者

18世紀後半といえば、ヨーロッパの歴史では画期的な出来事が続発した時代でした。

まず、イギリスではワットの蒸気機関(1765年)に象徴される技術革新によって産業革命が起き、資本主義的な生産方式が確立されていきまし

た。それは、人間がこれまで一度も経験したことのない急激な変化でした。

一方、1789年、フランス革命として知られる市民革命が起こりました。それは人々に社会の変化というものに対する恐怖心を植えつけましたが、その反面、自由と平等という理念を世界に広く浸透させました。この革命に対してイギリスでは、時の首相ピットが対フランス連合の中心人物となり、反革命の主導者になりました。

さらに、アメリカ独立戦争(1775～1783年)が、イギリスの強引な植民地政策の破綻によって起こり、ここに新しい主権在民の民主的連邦国家アメリカが誕生したことも付け加えておきましょう。

実は、これら3つの革命的事件のすべてにかかわっていた1人の科学者がいました。彼こそ、当時のイギリスの科学を支えた王立協会の設立に大きな貢献をしたベンジャミン・トムソン(Benjamin Thomson, 1753～1814)でした。

ベンジャミン・トムソンとは、のちにランフォード伯爵になった人物です。彼が英国王立研究所の設立にどれほど重要な貢献をしたかは、この研究所がときどき「ランフォード研究所」とよばれていたことからも想像できるでしょう。ランフォードはまさに波瀾に富んだ一生を送った人で、ここでは、若い時代を含めて、その生涯のあらましをたどってみましょう。科学者といっても、人さまざまなのです。

図1-20 ランフォード伯爵

ある学者の一生

ランフォードはアメリカのマサチューセッツ州のウーバン村の農家に生まれました。正規の学校教育こそ受けませんでしたが、生まれつき才気に満ち、機略に富んだ資質をもっていました。14歳になると食料品店で働きながら、医学や物理学を独学したり大学で聴講したりして勉学に励み、

のちに教師になりました。彼が19歳で教師としてボストンに近いコンコードに赴任したとき、そこの大地主で彼よりも14歳年長の未亡人が、彼を見そめて2人は結婚しました。この結婚は、その後の彼の人生に大きなうねりを与えることになります。

　ランフォードは、この妻とその地方の有力者だった妻の父の取りもちで、州知事のウェントワースと会うことができました。州知事は、この堂々とした美青年の学識に惚れ込んで、1772年に彼を州の陸軍少佐に任命しました。やがて、アメリカ独立戦争が勃発すると、王党派（イギリス）に味方したため捕らえられ、ウーバンに監禁されました。しかし、証拠不十分で保釈されたのを機に、妻と一人娘サラをアメリカに残してイギリスに亡命しました。

　ロンドンに着くと、彼はまもなく植民省の要職に就きました。その間にも彼は余暇を利用して少年時代から興味をもっていた花火、火砲などを研究し、さらに火薬の爆発力の実験をしたり、海上信号法や兵器の改良に従事したりしました。これらの実験研究は、もはや興味からではなく、戦火の頻発する時代の要請にこたえようとするものでした。こうしてランフォードは1779年にイギリス王立協会の会員になり、のちに副会長、さらに学会メダル受賞者にもなりました。そのほか、イギリス科学アカデミー、フランス科学研究所の会員にもなりました。

　1781年にはアメリカ向け衣料輸出の監督官になり、さらに再度アメリカに渡り、イギリスの騎兵隊員として独立軍と戦いましたが、戦争は1783年に独立軍の勝利に終わりました。

　ところが、彼に公金着服と反逆（フランスに海軍の機密情報を売ったと）の嫌疑がかかりました。そのため1783年にヨーロッパに逃げ、その後、バイエルンの高級将校になり、国の軍隊の改組や経済計画まで任されました。これらの功績によって、彼は神聖ローマ帝国の貴族に列せられ、ランフォード伯爵とよばれるようになったのです。

熱の本性が運動って本当？

　すでに記したように、ブラックは今まで混同されていた熱と温度を明確に区別したところまではよかったのですが、物質内部に存在する重さのない流体が熱の源泉であると考えていました。

　このブラックの熱流体説に対して、はじめて明確な反証を示し、熱は物質ではなくて運動であると主張したのがランフォードであり、フランス革命の熱気冷めやらない1798年のことでした。ランフォードがミュンヘンで大砲の改良の研究をしていた最中、大砲の砲身に穴をあけるときに熱が発生することから、力学的仕事と発生する熱の間に密接な関係があると思いつき、実験を行ってみました。このとき、空気から熱素が流入するのだという反論がありました。これに対して、砲身に使う地金を水の中につけ、それに穿孔棒を押しつけ、砲身の地金を馬を使って回転させ、このとき発生する摩擦熱で水が沸騰するまでの時間を測って、熱と仕事の量的関係を求めました。そして加熱によって全体の質量が不変なこと、削りくずの比熱も変わっていないこと（熱素が逃げて性質が変わったということがないこと）を確かめ、摩擦によってつくり出される熱は決して熱素のようなものではなく、運動であると考えるべきだと主張しました。

　この研究は当時それなりの反響はよびましたが、一般的に受け入れられるまでにはなりませんでした。この理論は熱素説を土台としたフーリエ（Fourier，1768～1830）の熱伝導理論をはじめとする数多くの定量的な研究の陰に隠れ、50年近く、日の目を見ることはありませんでした。

　さて、順風満帆に思えたランフォードでしたが、政治的理由からミュンヘン市議会の敵意を買い、イタリア、イングランド、バイエルンと転々とし、ロンドンに舞い戻ってきました。そのとき、友人と図って一口50ギニーを支払えば経営者になれるという王立協会の設立計画を立て、58

> 人の名士による発起人会を開きました。こうして王立協会は国王から勅許を得て設立されました。しかし、またもや金銭着服の嫌疑がかかって、パリ郊外の別荘に隠退し、アメリカから娘を呼んだあと、波瀾に富んだ61年の生涯を閉じました。

ランフォードが王立協会を辞めた後、しばらくしてトマス・ヤング（Thomas Young，1773〜1829）が研究所長としてやってきました。ヤングは光の波動説を確立した人で、読者にもなじみ深い名前でしょう。しかし、ヤングは研究所と個人的なトラブル（おそらく給料問題）を起こして辞任しました。

さて、そんな研究所の方向性を決定づけたのは、若くして化学の助教授になった俊英、デイビー（Humphrey Davy，1778〜1829）でした。彼は真空装置に2つの氷の塊を入れ、これらの氷塊を特別な仕掛けでこすり合わせたところ、氷はたちまち融けて、0℃より高い温度の水になりました。この事実は熱素説では説明できません。なぜなら、水の比熱は氷の比熱の約2倍であることは当時知られていましたから、もし熱素が摩擦によって氷から追い出されて水に移るのだとすると、水温が0℃より高くなることは説明できないはずです。それでは、どこから余分の熱素が現れたと考えればよいでしょうか。装置の中には空気がないのですから、熱素が空気からくるとはいえません。したがって、氷の融解のための潜熱や、水温を上げた熱は、こすり合わせという力学的仕事の結果として現れたと考えざるを得ません。

図1-21　デイビー

このように、熱と仕事との間に密接な関係があることは、19世紀に入ってマイヤーや、とくにジュールらの努力により、ますます確実な見方になっていきました。これらの人々の業績については、あとで詳しく述べることにします。

> **例題 1** 体積の等しい鉛球(比重 11.3、比熱 0.030cal/gK)と銅球(比重 8.9、比熱 0.091/gK)とがある。この 2 つの球の熱容量の比を求めよ。

解 球の体積を $V\mathrm{cm}^3$ とすると、鉛球の質量は $11.3V\mathrm{g}$。
銅の体積も $V\mathrm{cm}^3$ であるから、銅球の質量は $8.9V\mathrm{g}$。
熱容量は比熱×質量であるから、

$$\frac{C_{鉛}}{C_{銅}} = \frac{0.030 \times 11.3}{0.091 \times 8.9} \fallingdotseq \frac{113}{267}$$

> **例題 2** 15℃の水 20g を 0℃の氷に注いだところ、ある量の氷が溶け、また 100℃、40g のある金属を氷につけたとき、水を注いだときの 1.33 倍の氷が融けた。この金属の比熱を求めよ。

解 水の比熱を $c_水$ とすると、15℃、20g の水が 0℃になったとき失った熱量は

$$c_水\{20 \times (15-0)\} = 300 c_水 \text{ cal} \qquad ①$$

金属の比熱を $c_金$ とすると 100℃、40g の金属が 0℃になったとき失った熱量は

$$c_金\{40 \times (100-0)\} = 4000 c_金 \text{ cal} \qquad ②$$

題意により $1.33 \times ① = ②$ であるから

$$1.33 \times 300 c_水 = 4000 c_金 \quad \therefore c_金 = 0.1 c_水$$

$c_水 = 1.0 \text{ cal/gK}$ だから

$$c_金 = 0.1 c_水 = 0.1 \text{ cal/gK}$$

火力、原子力発電所はなぜ海岸にあるのか

宮城県松島湾の五大堂や瑞巌寺のほとりに立って、対岸を眺めると、美しい松島に不似合いな東北電力・火力発電所の紅白だんだら模様の煙突が数本、高々と立っています。

図1-22は日本の原子力発電所の建設地を示しています。

さて、原子力や火力発電所はなぜ水ぎわに建っているのでしょうか。それは、第3章でやる熱力学第2法則が答です。

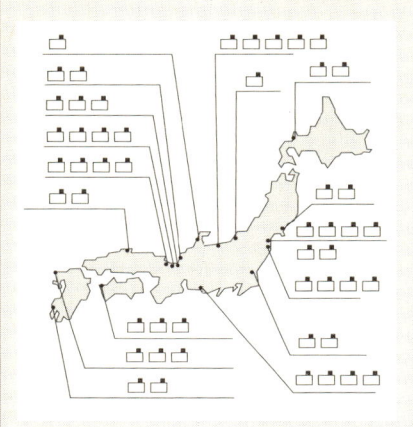

図1-22 原子力発電所の分布(平成6年)

この章を3分で

- **温度と熱** 温度と熱は別ものである。
- **潜熱** 状態が変化するのに必要なエネルギー。気化熱など
- **絶対温度(ケルビン)** $T=t+273.15$K
- **熱力学第0法則** 熱平衡が存在すること
- **熱容量と比熱**
  物体の温度を1度上げるのに必要な熱量が熱容量
  単位量の物体の温度を1度上げるのに必要な熱量が比熱
- **モルとアボガドロ数**
  原子や分子をアボガドロ数 $N_A(6.02\times10^{23})$ 個集めると、その質量はその原子量グラム(原子の場合)、または分子量グラム(分子の場合)になる。そのひとまとまりをモルという
- **仕事** 仕事＝力×動かした距離。単位はジュール(J)

第2章
財布のひもは固い──熱力学第1法則

2.1　ボイルとシャルルは何が言いたかったのか

貴族と哲学者の言い分

　イギリス貴族の14番目の子に生まれ、名門校イートンを卒業したロバート・ボイル（Robert Boyle, 1627〜1691）はヨーロッパ大陸に留学することになりました。彼はデカルト学派やパスカルの活動するフランス、またガリレイやトリチェリのイタリア、さらにゲーリケのドイツと渡り歩いて「実験と理性の17世紀」の息吹を十分に吸うことができたのでした。

　やがて、フランシス・ベーコンの実験の精神がみなぎる母国イングランドへと戻ったボイルは、すぐれた真空ポンプを考案し、これを使って空気の圧縮や膨張について繰り返し実験観察をしました。そして、図2-2のように水銀をガラス管に入れて空気を閉じ込め、空気の圧力 p と体積 V の関係を測定し、それがお互いに反比例するというボイルの法則

図2-1　ボイル

$$pV = 一定 \qquad (2\text{-}1)$$

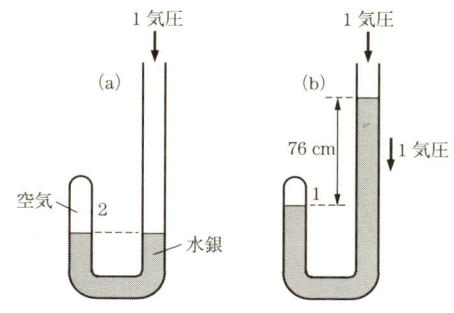

図2-2　ボイルの実験

(a) は1気圧の状態で空気2体積が閉じこめられている
(b) これに水銀を追加して2つの水銀面の差が76 cmになったとき（大気圧と水銀柱の圧力をあわせて2気圧）、閉じこめられた空気は1体積となる

を発見したのです（1660年）。

　気体の体積と圧力がお互いに反比例するという関係は、その当時は「なぜ空気はバネのように、押せば縮むのか（The spring of the Air, Oxford, 1660）」という問題の解釈につながっていました。

　ギリシャの哲学者アリストテレスは、原子と原子の間の真空を認めませんでした。つまり、あらゆる物質は、びっしり詰まった連続体であるはずだというのです。もし、そのような連続体が縮んだとすれば、その分、物質は箱の外かどこかにはみださなくてはなりません。

　ボイルは細心の注意を払い、空気がけっして外へ漏れてはみだすことのないようにして圧縮を繰り返してみました。その結果、やはりアリストテレスの連続体説は間違っていると確信するに至ったのです。

　その代わりに、ボイルが考えたのは、図2-3のような物質の不連続体説です。空気はびっしり詰まっているのではなく、粒とすき間で構成されていて、押せばそのすき間が狭くなるだけですから、必ずしも外にはみだす必要はありません。すき間が半分になれば、粒の衝突回数が2倍になり、衝突によって圧力が生じると考えれば、圧力も2倍になります。

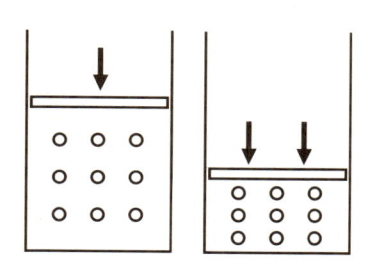

図2-3　押せばすき間が……

　体積Vを変数x、圧力pを変数yと書き直すと、C_1を定数として、(2-1)は数学でよく知られた

$$xy = C_1 \qquad (2\text{-}2)$$

という双曲線の式に相当します。この関係を図 2-4 の (a) に、また定数 C_1 の増加につれてグラフの変わる様子を (b) に示しました。

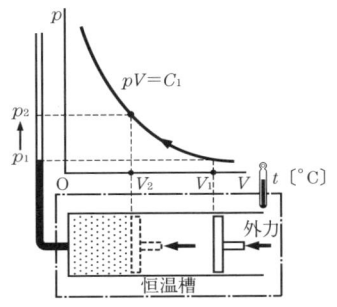

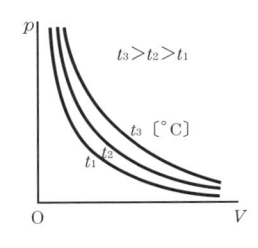

(a) 温度 t 〔℃〕を一定に保って体積を変えると、気体の状態は $pV=C_1$ の双曲線で表される

(b) 等温線で温度が高いときは $pV=C_1$ の定数 C_1 が大きい

図 2-4　ボイルの法則

1　気圧は 2 頭の象？

　圧力の単位は Pa (パスカル) です。hPa (ヘクト・パスカル) という用語を気象情報で耳にされることも多いでしょう。hPa は Pa の 100 倍です。Pa は N/m² (ニュートン・パー・平方メートル) を国際単位に統一した名称です。1 気圧 (1atm、1 アトム) は 1013hPa ですから、1.013×10^5 N/m² に相当します。昔は mbar (ミリバール) を使いましたが、幸い単位を hPa に変えるだけで数値は変えないですみました (バール、1m² あたり 10^5 N の力が作用するときの圧力。もともと N を単位としているので、とくに変化はなかった)。

　さて、1 気圧は意外に大きな値です。唐突ですが、大型のアフリカ象の体重は約 5 トンです。いま 2 匹の象が 1m² の台の上に乗ったとすると、$2 \times 5 \times 10^3 \times 9.8$ (重力加速度) $\fallingdotseq 1.0 \times 10^5$ N/m² になります。つまり、1 気圧という圧力は、1 平方メートルに象 2 頭が乗った圧力に相当するわけです。

「漏れ」に注目したシャルル

　普通、シャルルの法則とよばれている法則は、のちにゲイ・リュサック(Gay-Lussac J.L., 1778～1850)が法則としてきちんと定めています。他方、シャルル(Charles Jacques, 1746～1823)は、気体の熱膨張について精力的にデータを集めてはいたのですが、法則としてまとめるまでには至りませんでした。

　ここでは慣習に従ってシャルルの法則とよぶことにしましょう。

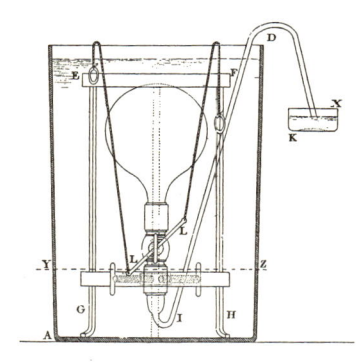

　図2-5は実際のシャルルの実験装置です。逆立ちしたフラスコは細かい管IDKを通して外気(1気圧)とつながっています。このフラスコ型の容器を水槽に沈め、水槽の温度を0℃から100℃まで変えながら、Xに漏れてくる空気の体積を測ります。

　このことを単純化して、一定量の気体を図2-6のように、シリンダーに閉じ込めることにしましょう。圧力を一定にするので、外から熱を加えて温度を上げると、分子の運動が活発になって気体は膨張します。

図2-5　シャルルの実験装置

　このとき、気体の体積 V と温度 t ℃との関係は、実験によって

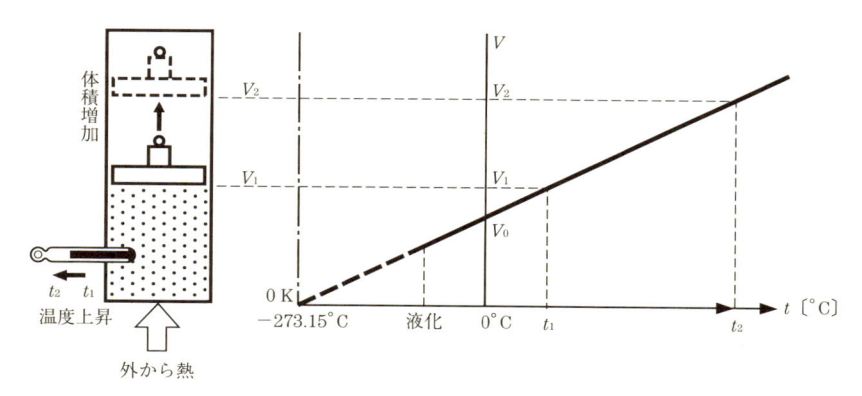

図2-6　シャルルの実験の結果

$$V = at + b = b\left(1 + \frac{a}{b}t\right) \tag{2-3}$$

で表されることがわかりました。つまり、気体の体積は温度に比例するのです。a は定数、b は $t=0°C$ のときの体積であり（圧力一定なら気体の種類を問わず一定）、これを V_0 と表すことにします。ここで左辺の a/b を体膨張率とよび、実験によればどんな気体でも $1/273.15$ でしたので

$$V = V_0\left(1 + \frac{t}{273.15}\right) = V_0\left(\frac{273.15 + t}{273.15}\right) \tag{2-4}$$

となります。これをシャルルの法則とよびます。また、図 2-6 の実線部分をそのまま下方に伸ばして、温度 t 軸との交点を求めると、$-273.15°C$ になります。この点を新しく基準にとり、式

$$T = t + 273.15 \text{ K} \tag{2-5}$$

によって定義する温度を後に絶対温度と名づけたのです。$0°C$ は 273.15 K になりますから、これを T_0 で表し、(2-5) を用いて (2-4) を書き直すと

$$\frac{V}{T} = \frac{V_0}{T_0} = C_2 \tag{2-6}$$

となります。圧力が一定の条件の下では C_2 は定数で与えられます。(2-6) は、(2-4) のシャルルの法則の別表現です。

これは便利！　ボイル・シャルルの法則

　ボイルの法則では温度 T が一定、シャルルの法則では圧力 p が一定でした。これらをまとめて圧力 p、体積 V、温度 T がお互いにどんな関係があるか、調べてみましょう。
　図 2-7 の p-V グラフで、はじめ a 点 (p_1, V_1, T_1) の状態の気体を b 点の状態に移動させることにします。温度 T_1 を一定とすると、気体は曲線に乗って b 点 (p_2, V_3, T_1) の状態に移動するはずです。この過程では

ボイルの法則により

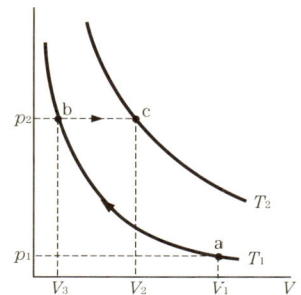

$$p_1 V_1 = p_2 V_3 \qquad (2\text{-}7)$$

が成立します。

次に圧力を p_2 で一定のまま、b 点から c 点 (p_2, V_2, T_2) まで熱膨張させるとする(熱をあたえる)と、シャルルの法則(2-6)より

$$\frac{V_3}{T_1} = \frac{V_2}{T_2} \qquad (2\text{-}8)$$

図 2-7 ボイル・シャルルの法則

が成り立ち、この式は $V_3 = V_2(T_1/T_2)$ とすることができます。この V_3 を (2-7)の右辺に代入して整理すると

$$\frac{p_1 V_1}{T_1} = \frac{p_2 V_2}{T_2} = C \qquad (2\text{-}9)$$

が導かれます。つまり一定量の気体の状態が(たとえば a 点から c 点へ)変化するとき

$$\frac{(圧力) \times (体積)}{(絶対温度)} = 一定 = R \qquad (2\text{-}10)$$

の法則が成り立ち、これをボイル・シャルルの法則といい、この法則に従う気体を理想気体とよびます。また R を気体定数とよび

$$R = 8.3145 \text{ J/Kmol} \approx 2 \text{ cal/Kmol} \qquad (2\text{-}11)$$

であたえられます($\approx$ は、だいたい等しいという意味です)。ただ、ボイル・シャルルの法則は、あまり圧力が高かったり、温度が低かったりすると成り立ちませんから、「理想」の 2 文字が気体の頭につくのです。

筆者は昔、講義の準備のため、窒素と酸素の第 2 ビリアル係数を調べたことがあります。第 2 ビリアル係数というのは、実在気体の理想気体からのズレを表します。窒素も酸素も室温では第 2 ビリアル係数はほと

んどゼロでした。つまり、窒素と酸素の混合物のごくありふれた空気が、室温では幸いにも理想気体とみなしてよいことになります。

(2-10)の定数 R を拡張しましょう。前述のようにアボガドロ数 N_A

$$N_A = 6.022 \times 10^{23} \text{個} \qquad (2\text{-}12)$$

に等しい分子の集まりを 1mol(モル)とよびます。1 グラム分子ともいいますが、1g 分の分子という意味ではないので注意が必要です。普通はモルを使いますので、モルで覚えましょう。また、1 モルの理想気体は、物質の種類に関係なく、0°C、1 気圧で、22.4l の体積を占めます。そのため、気体の状態にあるものを扱うときには、質量を単位にするよりも、モルを単位にするほうが便利なのです。

いま、n モルの気体を考えると体積が n 倍になるので、(2-10)のボイル・シャルルの法則の(1 モル当たりの)定数 R を nR に変えますと、

$$\frac{pV}{T} = nR$$

となりますので、理想気体は

$$pV = nRT \qquad (2\text{-}13)$$

の関係に従います。

このように圧力 p、体積 V、温度 T の関係を定める式を状態方程式といいます。(2-13)は理想気体の状態方程式です。

この初めての状態方程式の土台となったボイルの法則が 1660 年、また、シャルルの法則が 1787 年ごろの発見というのですから、この間(約 130 年)の歩みは実に遅々としたものでした。おそらく、このような定式化がその後の物理学の発展にどれほど大きく貢献するかを誰も予想できなかったのでしょう。読者もおいおい理解されるように、状態方程式は 19 世紀末までの気体研究の一つの終着駅だったのです。

2 等分できる量とできない量

物質(一般的にいえば系。対象とする事物の全体を"系"といいます)のマクロな状態を表す圧力 p、体積 V、温度 T などのことを状態変数、あるいは状態量といいます。

状態変数はさらに、物質の量に応じて変わる示量変数と、量には関係しないで傾向を表す示強変数とに、分類することができます。一様(均一)な系をそのまま 2 等分して、その一つをはじめの系と比較するとき、体積や質量(分子数)のように 1/2 になる量を示量変数、圧力や温度のようにもとと変わらないのが示強変数です。ここで「そのまま 2 等分する」と言ったのは、熱や仕事を加えないで、ただ仕切りを入れて 2 つの部分に分けることを指しています。このとき、「2 等分」の目安となるのが質量または体積であり、これらの量は系の分量を表すものといえます。

実際の示量変数としては体積、質量のほか、分子数、モル数、それにあとで学ぶ内部エネルギー、エントロピーなどがあります。一方で、圧力や温度のように系の分量を変えても変わらない示強変数の仲間には、のちに学ぶ化学ポテンシャルがあります。

例題 1 1 気圧、27℃、体積 $2\mathrm{m}^3$ の気体を圧縮したり、加熱したりして、圧力 3 気圧、温度 177℃ にした。このときの体積を求めよ。

解 p、V、T の 3 つの値があらかじめあたえられているから、(2-9) が扱いやすい。

27℃ = 300K、177℃ = 450K であるから

$$\frac{1 \times 2}{300} = \frac{3 \times V}{450} \quad \therefore V = \frac{150}{150} = 1\mathrm{m}^3$$

2.2 エネルギーって何？

ボルツマンの悲劇

　気体を容器に閉じ込めておき、小さな穴をあけてみます。すると、その穴がどんなに小さくても、気体はいつの間にか穴から外へ流出してしまいます。

　また、酸素と窒素とでは化学的性質が著しく異なるのに、まったく同じボイル・シャルルの法則が成り立ちます。そのほか、質量保存の法則、倍数比例の法則[*]、定比例の法則[**]などが実験によって確かめられ、化学者の間には気体の分子・原子説が広く認められるようになっていました。

　しかし、物理学者にとって、気体の分子という考えは単につじつま合わせの仮定にすぎませんでした。分子、原子といっても直接の証拠があるわけではない、という反論が大勢を占めていたのです。

　19世紀末、ウィーン大学のボルツマン（Ludwig Boltzmann, 1844～1906）はこの気体分子運動論に精力的に取り組んで、オストワルド（F. W. Ostwald, 1853～1932）、ツェルメロ（Ernst Zermelo, 1871～1953）などのエネルギー論者（実証主義者）らと激しい論戦を重ねていました。

　しかし、1906年6月、持病の神経衰弱も手伝ったのでしょうか、ボルツマンはアドリア海北部の保養地ドウィノのホテルで首吊り自殺をして世を去りました。

　その後、アインシュタインのブラウン運動の理論（第5章参照）が1905年に公（おおやけ）にされ、さらに、それを実証するペラン（J. B. Perrin, 1870～1942、1926年ノーベル物理学賞）の実験が1908年に発表され、ここに分子の実在性が証明されました。これは、ボルツマンが世を去った2年後のことでした。

---

[*] たとえば、一定量（質量で）の炭素と結合する酸素の質量は、一酸化炭素（CO）と二酸化炭素（CO_2）とでは、1対2の比（質量比）になる。

[**] 物質AとBが、たとえば1対2の質量比で結合すれば、2：4、4：8、…の比でも結合する。

横丁ゼミナール

クマさん「先生、蒸気の次は、空気の話ですかい？」

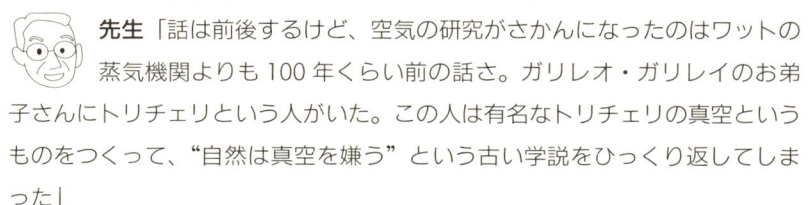

先生「話は前後するけど、空気の研究がさかんになったのはワットの蒸気機関よりも100年くらい前の話さ。ガリレオ・ガリレイのお弟子さんにトリチェリという人がいた。この人は有名なトリチェリの真空というものをつくって、"自然は真空を嫌う"という古い学説をひっくり返してしまった」

陽子「一端を閉じた1メートルくらいのガラス管に水銀を入れ、天地逆にして、水銀を満たしたオケに立ててみたら、水銀柱は76センチの高さで止まって、それ以上下がらなかった。その水銀柱の重さを支えるのは大気圧であり、そのとき水銀の上部にできた空間が、自然が嫌うとされた"真空"であることをつきとめたという実験ですね？」

先生「その通り。それが1643年のこと。このあと、ドイツのゲーリケという人が、マグデブルクの半球というものを2つ合わせて、中の空気を抜き、両側を8頭の馬で引っ張らせた。さしもの馬も大気圧のパワーにはかなわず、半球はくっついたままだった、という実験だ。ゲーリケはこの実験をマグデブルク市でやってみせたあと、ベルリンでもやった。ボイルたちはこの実験に大いに触発されて、気体の圧力の研究を始めたのだそうだ。ボイルの法則は1660年だったね。こうして17世紀の後半に空気の研究は大いにさかんになり、その世紀末にパパンの真空機関というのが現れた。これは、蒸気を冷却した際にできる真空を利用して大気圧にピストンを押させる仕組みで、それがセーヴァリやニューコメンの熱機関へと発展していく」

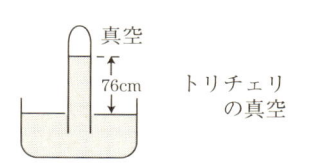

図2-8　真空の実験

陽子「そして熱機関の効率を深く研究して、カルノーは熱力学の基礎を打ち立てた……」

先生「19世紀のはじめになってのことだがね。その間に、ゲイ・リュサック

の法則やアボガドロの仮説などが出され、気体の研究は状態方程式や分子運動論といった方向へ向かっていく」

洋平「気体の性質で、一番注目されたのは何でしょうか？」

先生「やはり最初は熱膨張だろうね。前にも述べたヘロンは、空気の熱膨張を利用してドアの自動開閉装置を考えたりした。ゲイ・リュサックの法則も熱膨張の法則だし。それとともに、温度と圧力と体積との関係も大いに探求された」

陽子「状態方程式というと、ファンデルワールスの状態方程式が浮かびますが、彼はずっと下って20世紀の人……？」

先生「いや、ファンデルワールスは20世紀の初頭にノーベル物理学賞をもらったんだが、彼の有名な仕事は、その30年くらい前にやったものだそうだよ」

クマさん「のんびりした団体ですね、ノーベル賞選考委員会というのは」

先生「よくは知らないが、ファンデルワールスの状態方程式が、半ば実験的に提出されたものだったからかもしれないし、彼の多くの仕事を含めての受賞ということかもしれない」

クマさん「果報は寝て待て……か」

平均2乗速度ってどんな速度？

　ところで、気体分子の運動といっても、私たちはひとつひとつの分子の運動をあらゆる瞬間に求めることはできないし、またその必要もありません。

　ボルツマンやその先駆者マクスウェル（J.C, Maxwell 1831～1879）の考えは、速さ v を持った分子がどのくらいの確率で存在するか、という確率分布を求めることを狙いとしていました。いわば、時速50キロから51キロで走る車は全体のうちどれくらいの割合なのかを統計的に予測するようなものです。

　この確率分布のことはあと回しにして、はじめに単純な理想気体モデルの圧力を分子運動論の立場から求めてみましょう。

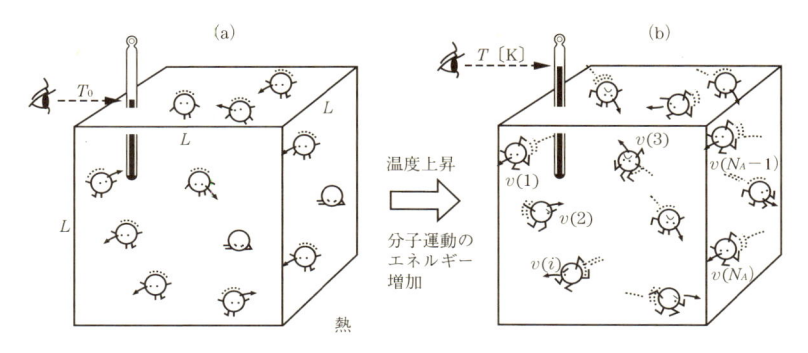

図 2-9　分子の運動

　理想気体の分子は、単なる質点とみなされます。つまり質量 m をもつだけで、分子間の引力や反発力は働かないものと仮定されています。

　図 2-9(a)は、低温で分子の速さが平均して小さい場合、また(b)は、高温になって分子の速さが増し、壁に激しく衝突を繰り返す様子を示しています。

　気体の容器を 1 辺 L の立方体とすると、N_A 個の分子が壁から受ける圧力 p（単位面積あたり、面に垂直に働く力）は、証明は後述するとして

$$p = \frac{N_A m \overline{v^2}}{3V} \tag{2-14}$$

となります。ただし、$\overline{v^2}$ は平均 2 乗速度といい、分子(1)の速度を $v(1)$、分子(2)の速度を $v(2)$…などとして

$$\overline{v^2} = \frac{v^2(1) + v^2(2) + \cdots + v^2(N_A)}{N_A} \tag{2-15}$$

となります。文字の上の棒（バー）は、平均値であることを示しているわけです。さて(2-14)によると、圧力 p の値は分子の速度の 2 乗の平均 $\overline{v^2}$ で決定され、$v(1)$ や $v(2)$ など個々の分子の速度には直接関係しません。

　(2-14)や(2-15)の導き方は、61 ページに示しておきましょう。別に難しくはありませんが、途中は少々煩雑です。

　もう少し、(2-14)に細工をしてみましょう。$m\overline{v^2}$ という項に注目すると、質量 m の質点の平均運動エネルギー $m\overline{v^2}/2$ が浮かんできます。そこ

で(2-14)と $pV=RT$ から

$$pV = \frac{2N_A}{3} \cdot \frac{1}{2} m\overline{v^2} = RT \qquad (2\text{-}16)$$

とおくと、平均2乗速度 $\overline{v^2}$ を絶対温度 T に関連させることができます。(2-16)から分子1個あたりの平均運動エネルギーは、$R/N_A = k$ とおき

$$\frac{1}{2} m\overline{v^2} = \frac{3}{2} \frac{R}{N_A} T = \frac{3}{2} kT \qquad (2\text{-}17)$$

$$k = 1.38 \times 10^{-23} \text{J/K} \qquad (2\text{-}18)$$

となります。この k をボルツマン定数といいます。そして(2-17)から、理想気体では平均運動エネルギーは温度だけで決まり、単純に温度に比例することがわかります。

内部エネルギーは池にたまった水

気体分子は(2-17)であたえられる平均運動エネルギー、つまり温度が高くなるほど大きくなる平均運動エネルギーを持ち、自由に空間を飛び回っています。

つまり、気体分子はその温度で決まる運動エネルギーを持っているのです。そして、このエネルギーを気体の内部エネルギーとよびます。

いいかえると、ある系(たとえば1モルの気体)の内部エネルギー U は分子の運動エネルギーの総和ですから、それは(2-17)を整理して、1モルあたり

$$U = N_A \frac{1}{2} m\overline{v^2} = \frac{3}{2} RT \qquad (2\text{-}19)$$

となります。さらに1モルあたりの比熱(温度を1度上げるのに必要な熱、モル比熱)は、1モルあたりの運動エネルギーの増加に等しいので

$$C_v = \frac{3}{2} R(T+1) - \frac{3}{2} RT = \frac{3}{2} R \qquad (2\text{-}20)$$

になることがわかります。ここでは分子が箱に入っている状態を考えていますから、定積モル比熱になります。当然のことながら、n モルの気体の内部エネルギーは(2-19)の n 倍、nU です。

(a) 内部エネルギー ◎

(b) 容器全体の運動エネルギーや位置エネルギーは考えない
(内部エネルギー)＋(運動エネルギー) ×

(c) T (内部エネルギー)＋(位置エネルギー) ×

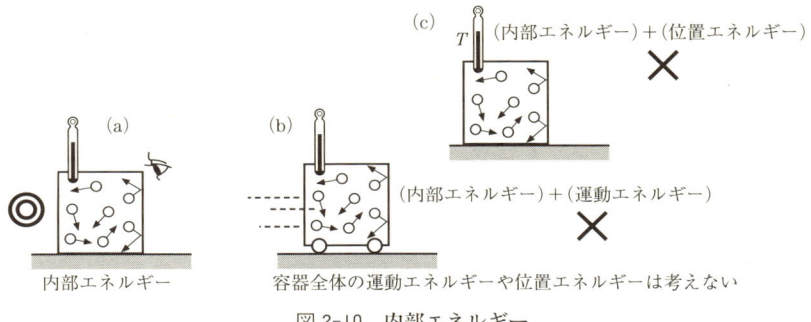

図 2-10　内部エネルギー

この内部という言葉は、とかく誤解を招きやすい言葉ですが、図 2-10 の (a) が内部エネルギーを図解したものです。(b) のように気体の容器自体が運動エネルギーを持つ場合や、(c) のように重力の位置エネルギーを持つ場合の運動エネルギーや位置エネルギーは、内部エネルギーに含めません。内部エネルギーとは要は、分子の運動だけをみつめたときのエネルギーの総和です。

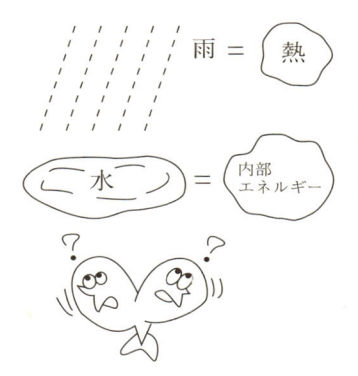

雨 ＝ 熱
水 ＝ 内部エネルギー

内部エネルギーの代わりに熱エネルギーという言葉がよく使われます。しかし厳密にいうと、熱と内部エネルギーとは別ものです。熱とは、温度差があるために移動するエネルギーのことです。他方、内部エネルギーは、熱平衡状態、つまり温度 T が定まったときに分子がもつ運動エネルギーの和のことです。

たとえば、空から落ちてくる水滴を雨といいますが、池にたまれば、ただの水です。池の水を雨とはいいません。この場合、雨が熱に相当し、池にたまった水が内部エネルギーに相当すると考えると、わかりやすいでしょう。

横丁ゼミナール

陽子「ところで先生、熱はいつからエネルギーの仲間入りをしたんですか？」
先生「その前に、エネルギーとは何でしょう？」

陽子「う〜ん、たとえば蒸気機関は水を汲み上げたりSLを走らせたり仕事をするのだから、"仕事をする能力"ってところかしら？」
先生「上出来、上出来。エネルギーという言葉を使い出したのはイギリスのヤングなんだが、それまでは漠然と、"力"だとか"活力"とよばれていた。ヤングという人は多芸多才で、古典言語学に通じ、医学博士でもあった。乱視の研究から光学へと向かい、光の干渉を発見し、光の波動説を唱えたりした。普通よく知られているのは、弾性体のひずみにくさを表すヤング率だろうね。ヤング率と同じ年(1807年)に、エネルギーの概念を発表した」
洋平「仕事をする能力、というときの仕事って何ですか？」
先生「仕事の単位はジュールで、これはエネルギーの単位と同じ。ある物体に1ニュートンの力が働いてその方向に1メートル動いたとき、なされた仕事は1ジュールである、と定義される。ジュールはエネルギーの単位であり、仕事の単位であり、熱量の単位であり、電力の単位でもあり、というところに注意したいね。

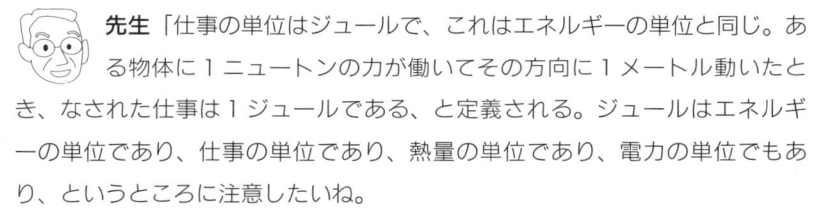

古くはワットが、(仕事)＝(動力)×(時間)と定義したりした。

ところでクマさんがどんなに力持ちだって、ビルの壁を手で押して動かすことはできない。このとき、クマさんがどれだけ汗をかこうが疲れようが、壁が動かなければ仕事をしたとはいわない。仕事はゼロさ。重いものを持って水平に移動しても、重力に対しては仕事をしたことにならない。そういうふうに決められているのさ。それで万事うまくいく。」

洋平「熱が仕事をするということを、初めて目の当たりに見せてくれたのが蒸気機関なんですね」
陽子「でも、熱が仕事をするといっても、たとえば熱湯の中に熱というものがあるわけではないんでしょ？」
先生「もしあれば、熱素説の復活ということになるからね。高温の物体から低温の物体へとカロリック(熱素)が移動するという考え方は、41ページで述べたようにランフォードによって否定された。物体は摩擦するだけでもどんどん温度が上がっていくからね。じゃあ、熱の実体は何かといえば、すでに述べたように分子の運動だ。高温の物体から低温の物体へと、分子の運動を仲立ちとしてエネルギーが移動する。この移動中のエネルギーの流れを熱とよんでいる

わけさ」
陽子「じゃあ、移動する前や後のエネルギーは、熱エネルギーとはよばないんですね?」
先生「よばない。移動する前や後のエネルギーは内部エネルギーという」
陽子「つまり熱とは、温度差のために移行しているエネルギーの一形態である、と」
先生「そう。川は流れているから川であって、川の上流のダムとか、下流の海や湖は川とはいわないのと同じだ。実は"仕事"というのも同じように、移行しているエネルギーの一形態である」
洋平「なんだか難しい話になってきたなあ。で、結局、熱がエネルギーの一形態だとわかったのは、いつごろですか?」
先生「これから登場する、ジュール、マイヤー、ヘルムホルツ、クラウジウスたちの活躍した1840年から1850年にかけてのことだろうね」
クマさん「1840年はアヘン戦争、その翌年は天保の改革……」
先生「それよりも少し前に、カルノーは蒸気機関を研究して、"水車において水が高いところから低いところへ落ちる際に仕事をするように、熱機関においては熱が高温から低温へ移行する際に仕事をする"と、はっきり書いている。"温度差があるところ、常に動力が発生しうる"ともね。こうして蒸気機関の中に熱力学の原理が潜んでいることを発見し、熱力学の基礎を形づくったのがカルノー、すなわちサディ・カルノーだった。なぜ名前まであげたかというと、彼の父のラザール・カルノーも有名な数学者兼政治家だったからだ。惜しいことにカルノー(サディ)は、36歳でコレラにかかって死んだ」
クマさん「天才は夭折(若死)する。陽子ちゃん、気をつけて……」
陽子「冗談ばっかし……」

マクスウェルの分布

　膨大な数の分子が無数の衝突を繰り返すと、速度は互いにならされて、図2-11のマクスウェル分布が実現します。この速度分布によると、(1個の)気体分子の速度がvと$v+dv$の間にある確率$f(v)dv$は

$$f(v)\mathrm{d}v = 4\pi A \exp\left(-\frac{1}{kT}\frac{1}{2}mv^2\right)v^2\mathrm{d}v \tag{2-21}$$

$$A = \left(\frac{m}{2\pi kT}\right)^{3/2}$$

であたえられます（ただし、$\exp x \equiv e^x$）。

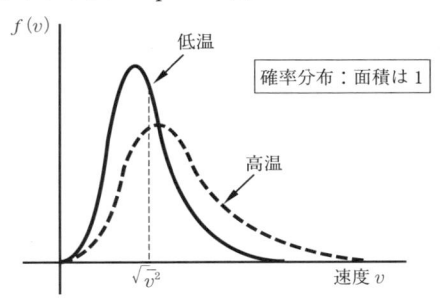

図2-11 マクスウェル分布

e は自然対数の底、2.71828…です。慣れない人は単なる定数と考えてください。この式にあまりとらわれないで、表2-1の速度のヒストグラムを見て、だいたいの傾向をつかめば十分です。さらに図2-11に戻って、高温になったときの速度分布を低温の場合と比較しておくことが大切です。

表2-1 0℃における酸素分子の速度分布

速度区間〔m/s〕	分子数の割合〔%〕
100以下	1.4
100〜200	8.1
200〜300	16.7
300〜400	21.5
400〜500	20.3
500〜600	15.1
600〜700	9.2
700以上	7.7
	100%

(2-14)の導き方

1辺の長さが L、体積が $V(=L^3)$ の立方体の容器の中に、質量 m の気体分子が N 個含まれているとして、容器の壁が受ける圧力を求めてみましょう。理想気体の分子は分子どうし、さらに容器の壁とも弾性衝突をするとします。弾性衝突とは、衝突によって運動エネルギーの一部が他のエネルギーに変わることがない、つまり運動エネルギーが衝突の前後で保存さ

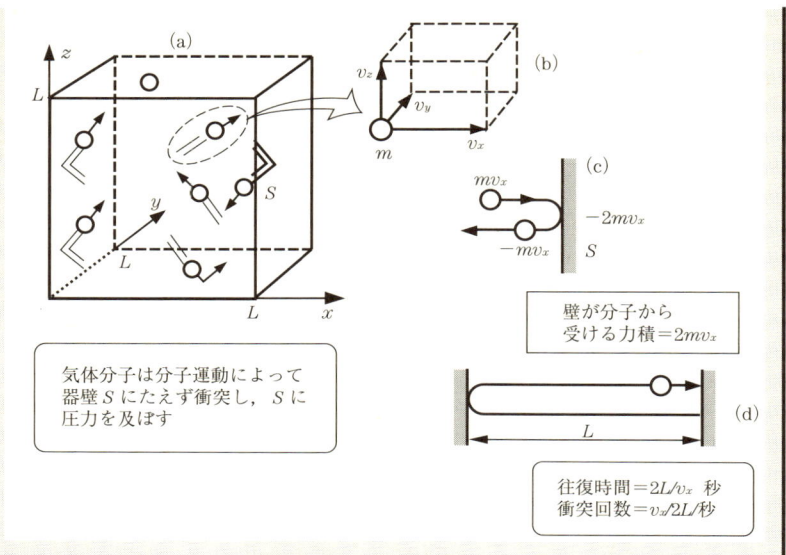

気体分子は分子運動によって器壁 S にたえず衝突し、S に圧力を及ぼす

壁が分子から受ける力積＝$2mv_x$

往復時間＝$2L/v_x$ 秒
衝突回数＝$v_x/2L$/秒

図1-12 壁の受ける圧力

れるような衝突をいいます。

　図2-12(a)のように x、y、z 軸をとり、x 軸に垂直な壁 S が受ける圧力を求めてみましょう。1つの分子の速度を v、その x、y、z 成分をそれぞれ v_x、v_y、v_z とします（図b）。分子が壁 S と衝突する前と後で v_x は $-v_x$ になります（v_y、v_z は変わりません）。このとき壁 S との1回の衝突で運動量が $-2mv_x$ だけ変化しますから（図c）、分子はこれだけの力積を壁 S から受けたことになって、作用・反作用の法則によって、壁 S は反対の向きに $2mv_x$ の力積を受けることになります（運動量の時間的変化を力積ということを思い出してください。定義では、力積＝力(f)×時間(t)です）。この分子は時間 t の間に壁 S と $v_xt/2L$ 回衝突しますから（図d）、この間に壁が受ける力積の合計 ft は

$$ft = 2mv_x \frac{v_x t}{2L} = \frac{mv_x^2}{L} t \tag{2-22}$$

となります。つまり、壁 S はこの分子から

$$f = \frac{mv_x^2}{L} \tag{2-23}$$

の力を受けることになります。

　N 個の分子の v^2、v_x^2、v_y^2、v_z^2 の平均をそれぞれ $\overline{v^2}$、$\overline{v_x^2}$、$\overline{v_y^2}$、$\overline{v_z^2}$ としますと、$v^2=v_x^2+v_y^2+v_z^2$ ですから(ピタゴラスの定理の拡張です)、$\overline{v^2}=\overline{v_x^2}+\overline{v_y^2}+\overline{v_z^2}$ になります。以上の話は x、y、z 軸のどの方向についても同等です。そのため、

$$\overline{v_x^2}=\overline{v_y^2}=\overline{v_z^2} \quad \text{すなわち} \quad \overline{v_x^2}=\frac{1}{3}\overline{v^2} \tag{2-24}$$

になりますから、N 個の分子から器壁 S が受ける力 F は f の総和として

$$F=\frac{m\overline{v_x^2}}{L}N=\frac{Nm\overline{v^2}}{3L} \tag{2-25}$$

となります。

　これから、壁 S が受ける(もちろん単位面積あたりの)圧力 p は

$$p=\frac{F}{L^2}=\frac{Nm\overline{v^2}}{3L^3}=\frac{Nm\overline{v^2}}{3V} \tag{2-26}$$

よって(2-14)が証明されました。

分子の形の謎

　これまでは理想気体の分子を質点と見たてて、その並進運動だけ、つまり回転運動(分子がくるくる回る動き)や、振動運動(分子内の原子がブルブルする動き)を除いて扱ってきました。この分子は図2-13の(1)のヘリウムやネオンなどの単原子分子に相当します。

　窒素分子 N_2 や酸素分子 O_2 を図2-13(2)に示しました。原子どうしを結合させる力は電気的なクーロン力や万有引力では説明で

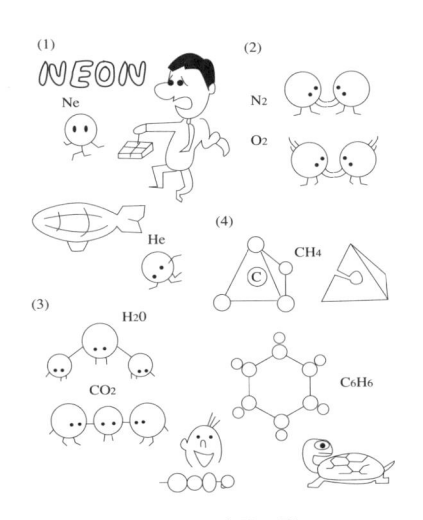

図2-13　分子の形

きません。20世紀に量子力学が登場して、ようやく結合力の本質が明らかになりました。この2原子分子のエネルギーについては改めて取り上げることにします。

図の(3)には、3原子分子の代表例として水 H_2O と二酸化炭素 CO_2 をあげました。とくに水の分子は O^{--} が頭、H^+ が腕の先のやじろべえ形をしていますから、電気的なプラスとマイナスの位置がずれています。このようなものを、電気双極子(そうきょくし)といいます。このために、水が凍って氷になると体積が増加するなど、普通の物質にない特徴をもっています(固体のほうが液体よりも詰まっていますので、体積は普通小さくなります)。

図の(4)の多原子分子のうち特に問題になった物質はベンゼンです。六角形のコーナーにある炭素は結合手がそれぞれ3本しかありません。しかし炭素の原子価は4価ですから、おのおのの炭素の結合手は4本になるはずです。ちなみにメタンでは、確かに炭素の結合手は4本です。

ドイツのケクレ(Kekule von Stradonitz, 1829～1896)はベンゼンの構造を考え抜いたあげく、ある夜、六角形のまわりをぐるぐる飛び回る3匹の猿の夢をみました。これをヒントにして、炭素どうしは1つおきに2重結合(2本の結合手からなる)をしているという構造を確立しました。これによって、ベンゼンのパラドックスは解読されたのです。

エネルギーは等分配主義

2原子分子は並進運動(v_x、v_y、v_z)が3つと、お互いに直交する2本の軸のまわりの回転運動が2つの、合計5つの運動の自由度をもっています。運動の自由度とは、物体の運動を決めるのに必要な変数の数(かず)のことです。たとえば、直線上を運動するものの運動は1個の座標、たとえば x で表されるので自由度は1です。3次元の運動では x、y、z の3つです。変数は、x のような座標に限らず、速さでもかまいません。さらに3次元の2つの物体では自由度は6つになりますが、水素分子のようにつながっているものは5つですみます。

分子は必ず並進運動をしていますし、回転運動も水素 H_2 が 171K、窒素 N_2 が 5.78K、酸素 O_2 が 4.17K 以上で起こっていますから、室温で

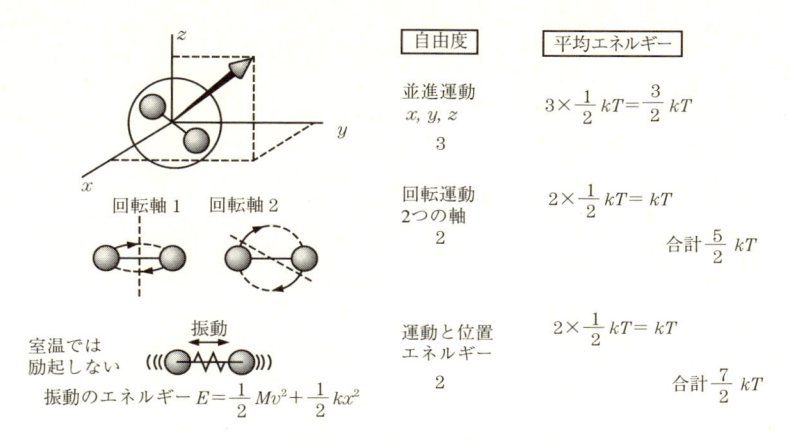

自由度	平均エネルギー
並進運動 x, y, z 3	$3 \times \dfrac{1}{2}kT = \dfrac{3}{2}kT$
回転運動 2つの軸 2	$2 \times \dfrac{1}{2}kT = kT$ 合計 $\dfrac{5}{2}kT$
運動と位置 エネルギー 2	$2 \times \dfrac{1}{2}kT = kT$ 合計 $\dfrac{7}{2}kT$

室温では励起しない
振動のエネルギー $E = \dfrac{1}{2}Mv^2 + \dfrac{1}{2}kx^2$

図 2-14　分子の運動

はどの 2 原子分子でも 5 つの自由度を持っているとしてよいことになります。

ここで統計力学によりますと、分子は 1 つの運動の自由度について $kT/2$ のエネルギーを持っていますから(エネルギー等分配則といいます。もちろん k はボルツマン定数、T は温度です)、2 原子分子 1 個あたりのエネルギー E は

$$E = 5 \times \dfrac{1}{2}kT = \dfrac{5}{2}kT \tag{2-27}$$

従って、1 モルの 2 原子分子のエネルギーつまり内部エネルギー U は、アボガドロ数を N_A として、

$$U = N_A \times \dfrac{5}{2}kT = \dfrac{5}{2}RT \quad \because k = \dfrac{R}{N_A} \tag{2-28}$$

になります(∵ は"なぜならば"という記号です)。さらに物質 1 モルの温度を 1K 上げるための熱量、すなわち、モル比熱 C_v は

$$C_v = \dfrac{5}{2}R(T+1) - \dfrac{5}{2}RT = \dfrac{5}{2}R \tag{2-29}$$

であたえられます。理想気体の分子の式(2-20)と比較してみましょう。

なお、2 原子分子は原子がバネでつながったようなものなので、分子の振動が起こりますが、この分子振動が励起される温度は H_2 が 6100K、

N_2 が 3350K、O_2 が 2240K ですから、室温では振動なしと仮定しました。*

ファンデルワールスの登場

これまでは理想気体の状態方程式 $pV=nRT$ を見てきましたが、悲しいことに理想はあくまでも理想であって、実在の気体ではこの式からのずれが出てきます。そこで、$pV=nRT$ を補正した式を用います。その一つに、a と b を定数として

$$p = \frac{nRT}{V-b} - \frac{an^2}{V^2} \tag{2-30}$$

これと同じ内容の表し方として(式を変形して)

$$\left(p + \frac{an^2}{V^2}\right)(V-bn) = nRT \tag{2-31}$$

があります。

この式をファンデルワールスの状態方程式といいます。

ファンデルワールス(Van der Waals, 1837〜1923)の状態方程式は比較的簡単な方程式ですが、実在の気体を状態変数の広い範囲にわたって正確に記述しています。式の説明はあとにして、実在の気体の振舞いを見てみましょう。

図 2-15 は、状態変数が圧力 p と体積 V である場合の等温線を表しています。これは、ピストンをじわじわ動かして、容器の壁の温度と平衡を保ちながら変化させる過程です。

この図を見てみますと、ある温度 T_c の曲線では、点 (p_c, V_c) が変曲点(曲線の傾きがゼロ)になっています。この温度を臨界温度といいます。さらにこの臨界温度よりも低い温度の等温

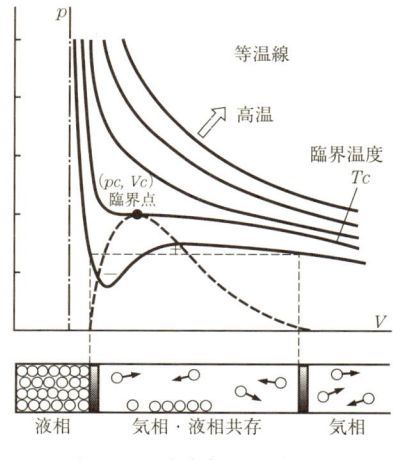

図 2-15 実在気体のグラフ

---

*この値は量子力学でいう第1励起状態、室温では発生しません。

線では、極大(＋)、極小(−)点が現れています。これはどういう意味かといいますと、臨界温度以上では、この気体はほぼ理想気体としての性質 ($pV=$ 一定)を示し、それ以下だと圧縮しても(グラフを右から左へ見る)、圧力 p が上がらず、逆に下がって、また急に上昇する性質を持っているということです。

なお詳しくは、臨界温度とは気体としてふるまうギリギリの境界の温度のことです。それ以下の温度になりますと、圧縮された気体は液体との共存状態になり、さらに圧縮すると全部液体に変わってしまいます。

図 2 - 15 に見る臨界温度はヘリウム He で 5.3K、水素 H_2 で 33.3K、窒素 N_2 は 126.1K、二酸化炭素 CO_2 は 31K ですから、室温では、これらの気体の等温線は窪みがありません。ヘリウムの臨界温度が一番低くなっていますが、これはヘリウムが液化しにくいことを表しています。

この臨界温度以下の等温線は窪みがありますが、この状態が容易に実現するはずがありません。実はファンデルワールスは、分子と分子の間に働く引力と斥力(せきりょく)の働きを考慮して、半経験的に状態方程式をつくりあげたのでした。とくに気体が液体に変わるのは、分子間力のうちの引力部分の影響によるもので、これをファンデルワールス力とよびます。

さて、ファンデルファールスの状態方程式(2 - 31)に含まれる定数 a、b と分子間力との関係をのぞいてみることにしましょう。表 2 - 2 にはいろいろな物質について a、b の具体的な数値をあげました。

ここで次のページの図 2 - 16 の (a)の縦軸は分子間力(位置エネルギー)を表しています。横軸は分子の距離を表していて、分子の半径 r_0 のところ(接触したところ)で反発力が働き、そこから離れてしばらくは引力が働くことを、図は示しています。

表 2-2 ファンデルワールスの定数

気体	a 〔$Nm^4/kmol^2$〕	b 〔$m^3/kmol$〕
He	0.035×10^5	23.9×10^{-3}
H_2	0.248×10^5	26.7×10^{-3}
N_2	1.370×10^5	38.6×10^{-3}
O_2	1.390×10^5	31.9×10^{-3}
CO_2	3.660×10^5	42.8×10^{-3}
H_2O	5.520×10^5	30.4×10^{-3}

そもそも、物体にはポテンシャル(位置エネルギー)が低くなる方向に力が働きますが、量子力学によれば、引力のポテンシャルの大きさは、分子間の距離の6乗に反比例しますので、図2-16(a)の井戸型ポテンシャルの

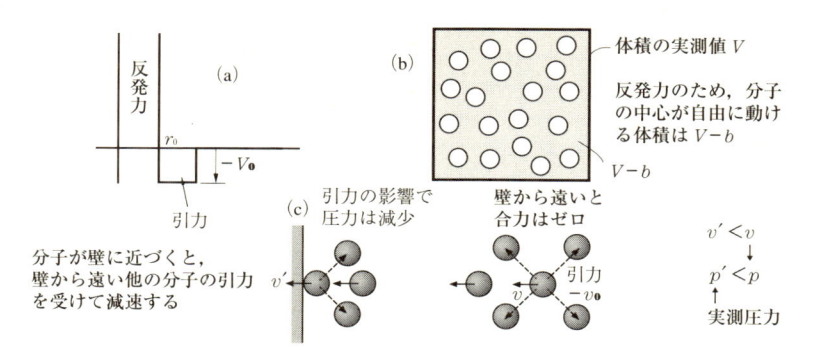

図2-16 ファンデルワールスの定数の意味

深さや領域を調整すると、通常の引力と同じ効果を生むことになるのです。

図(b)は反発力の影響の図解です。私たちが測定できる体積 V は容器の体積です。しかし反発力のため、分子は分子どうし接近できませんから、分子が自由に飛びまわれる体積は実際には $V-b$ になります。

図(c)は引力の影響の図解です。分子が壁から遠くにあるときは、四方八方からほかの分子が引力を及ぼしますから、互いに打ち消し合って、分子の速度 v は変わりません。しかし分子が器壁に接近すると、器壁方向に他の分子がないので、容器内部の分子だけから引力を受けますから、分子の速度は $v'(<v)$ に減速します。2つの分子がお互いの引力圏に存在する頻度は、1モルの体積を V とすると、$1/V^2$ に比例しますから、減速した分子による圧力を p とすると(気体の圧力は器壁の部分で測定しなければなりませんから、p は実測する圧力です)、壁から離れた所の分子の圧力は、a を定数として $p+a/V^2$ になります。ここで分子頻度がなぜ $1/V^2$ に比例するかというと、この場合2つの分子がある1点に同時にいなくてはなりませんが、その頻度は互いの密度(個数/体積)の積すなわち2乗に比例するので、けっきょく $1/V$ の2乗に比例することになるのです。

こうして、1モルの理想気体の pV は、実在の気体では $\left(p+\dfrac{a}{V^2}\right)(V-b)$ となるのです。

例題2 ファンデルワールスの式の臨界温度 T_c は、p-V 図の接線の傾きが0、すなわち $(\partial p/\partial V)_T=0$ であることと、臨界点が変曲点で

> あること、すなわち $(\partial^2 p/\partial V^2)_T = 0$ から決まる。これを用いて $T_c = 8a/27nR$、臨界圧力 $p_c = a/27b^2$、臨界体積 $V_c = 3b$ を証明せよ。

解 (2-30)から $p = \dfrac{nRT}{V-b} - \dfrac{a}{V^2}$　　①

偏微分 $(\partial p/\partial V)_T$ は、変数 T を定数と考えて dp/dV を求めればよい。

$$\left(\frac{\partial p}{\partial V}\right)_T = 0 = -\frac{nRT}{(V-b)^2} + \frac{2a}{V^3} \quad \therefore \frac{nRT}{(V-b)^2} = \frac{2a}{V^3} \quad ②$$

変曲点 $(\partial^2 p/\partial V^2)_T$ も T を定数として d^2p/dV^2 を計算する。

$$\left(\frac{\partial^2 p}{\partial V^2}\right)_T = 0 = \frac{2nRT}{(V-b)^3} - \frac{6a}{V^4} \quad \therefore \frac{2nRT}{(V-b)^3} = \frac{6a}{V^4} \quad ③$$

式②÷③により $\dfrac{V_c-b}{2} = \dfrac{V_c}{3} \quad \therefore V_c = 3b$　　④

④を②に代入して $T_c = \dfrac{8a}{27nRb}$　　⑤

⑤を①に代入して $p_c = \dfrac{a}{27b^2}$　　⑥

従って、$p_c = \dfrac{a}{27b^2}$、$V_c = 3b$、$T_c = \dfrac{8a}{27nRb}$

2.3　熱＝仕事＋エネルギー

仕事と熱は関係があるのか

　仕事という言葉は、日常だれでも気やすく使っているので、物理用語という感じがしません。仕事をして汗をかいた、と言ったり、近ごろ仕事に追われて暇がない、などと言ったりします。日常生活で使ううえでは、これで一向にさしつかえありません。しかし、理工学でいう仕事(英語でもwork)は、もっと厳密な定義をもっています。

　仕事とは、さきほども述べたように、力×(力の向きに移動した距離)のことです。通常は表現を簡略化して

仕事＝力×距離

で定義されます。重要なのは力の"向き"に"移動"しなければ、仕事にならないということです。

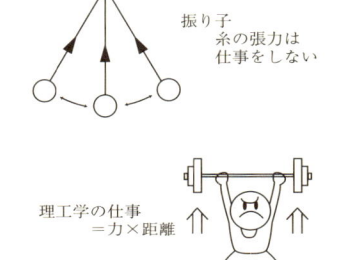

図2-17上の単振り子の糸は仕事をしません。振り子がどの位置にあるときでも、振り子は張力の向きに移動しません。そのため、仕事はゼロです。同図下のバーベルを持ち上げる場合の仕事は(バーベルの重さ)×(持ち上げる高さ)であたえられます。

振り子
糸の張力は
仕事をしない

理工学の仕事
＝力×距離

図2-17 仕事とは

わかりきったことかもしれませんが、仕事は力そのものではありません。たとえば、テコと支点があれば重い石でも軽々と持ち上げられますが、テコを長くして必要な力を小さくしても、テコの力点の移動距離は増加しますから、仕事は少しも得をしません。

もともと仕事は熱機関の研究から生まれた概念です。第1章で取り上げたニューコメンの蒸気機関(p.10)を振り返ってみましょう。ニューコメンの熱機関は「地表から30メートルの深さの水」を汲み上げることができました。つまりこの機関の性能は、(汲み上げる水の重さ)×(汲み上げる坑道の深さ)で表されました。今でいう、(力)×(距離)に相当する考えです。

さて、これから扱う熱力学の仕事も上記の定義と根本的な相違はありませんが、見かけは少し違います。熱力学でもっとも普通に出てくるのは、とくに気体の体積の変化(膨張・収縮)にともなって考えられる仕事のことで、これを「体積仕事」とよびます。以後、単に仕事というときは、たいてい、この体積仕事を指していると思ってください。

いま、ある気体を、摩擦のないピストン付きのシリンダーに入れて収縮させる場合を考えます(図2-18)。

はじめの気体の体積がV_1であり、これが一定の外力$F[\mathrm{N}]$を受けて収

縮し、断面積 $S\,[\mathrm{m^2}]$ のピストンが微小長さ $-\mathrm{d}l\,[\mathrm{m}]$ だけ押し込まれたとします（$\mathrm{d}l<0$ ですので $-\mathrm{d}l$ としました）。このときの微小仕事 $\mathrm{d}'W$ は

$$\mathrm{d}'W = F\times(-\mathrm{d}l) = \frac{F}{S}\times(-S\mathrm{d}l)$$

$$= -p\mathrm{d}V \qquad (2\text{-}32)$$

ただし、圧力を $p=F/S\,[\mathrm{Pa}]$、体積の変化を $\mathrm{d}V=S\mathrm{d}l$ とおきました。この圧縮過程では、気体分子の運動量は、分子がピストンに衝突するたびに増加していきます。

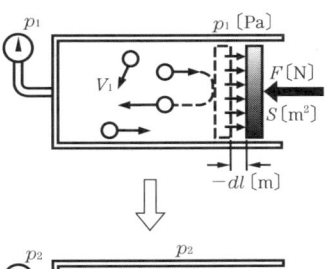

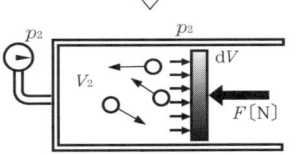

図 2-18 ピストンの収縮

そのため、気体の体積が減少するとき（$\mathrm{d}V<0$）、つまり気体が外部から仕事を受ける（もらう）ときは仕事の符号をプラスにとる習慣なので、(2-32)にはマイナスがつきます。

機械工学では、(2-32)とは符号が反対で、$\mathrm{d}'W=p\mathrm{d}V$ と膨張過程をプラスに選ぶのが普通です。熱機関を主人公に考えると、気体が膨張して外部へ仕事をする過程が基準になるからです。しかし近年では国際的にも「外界→系」の仕事を正にとることが約束されています。そのため本書でもとくに断りのない場合を除いて、(2-32)に従って仕事の正負を定めます。

第1法則のこころ

力学にエネルギー保存則があることは、高校などで学んだはずです。つまり、摩擦などのない系では、力学的エネルギー、すなわち、物体の運動エネルギーと位置エネルギーの和は不変であるというのがエネルギー保存の法則です。位置のエネルギーが減るときには、その代わりに運動エネルギーが増すので、両者の和は一定というわけです。

なお、蛇足かもしれませんが、運動エネルギー $\frac{1}{2}mv^2$ はコリオリ（G. G. Coriolis, 1792〜1843）が、また位置エネルギーはランキン（W. J. M. Rankine, 1820〜1872）が導入しました。力学的エネルギーにとどまらずあらゆるエネルギーを包括してエネルギー保存則を定式化したのは、

あとにも出てくるヘルムホルツ（H.L.F. Helmholtz, 1821～1894）です。ヘルムホルツはドイツのポツダムに生まれ、最初は父の勧めで医学の道を歩み、のちに生理学、物理学を学び、1847年、有名なエネルギー保存則を発表しました。ベルリン大学総長、ドイツ国立物理工学研究所長を務めました。

さて、純粋な力学的エネルギー保存則は、現実の世界ではほとんど成り立ちません。そもそも力学で力学的エネルギー保存則が成り立つのは、物体の状態を表すのに、位置と速度だけしか考えていないからです。実際には、摩擦や抵抗があると必ず熱が発生し、大なり小なり物体の温度が高くなりますから、物体の状態を表すのに温度も仲間入りさせなくてはなりません。

さらに、物体の温度は熱のやりとりばかりでなく、物体が外界と仕事のやりとりをすることによっても変わるわけですから、熱と仕事を同等に扱

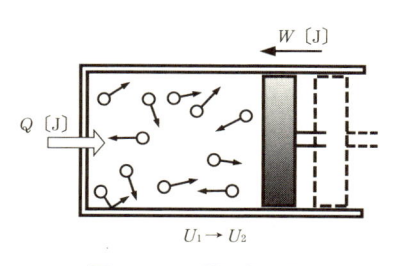

図2-19　$\Delta U = Q + W$

ったうえで、状態変化の途中の過程とは無関係に系の状態を定める量、すなわち内部エネルギーを決めることが必要になります。実際にも、図2-19の理想気体が外からもらう熱量 Q と仕事 W との和は、途中の道すじに関係なく、気体のはじめの状態（温度 T_1）と終わりの状態（温度 T_2）のみによって決まるということが、実験的に確かめられています。この $Q+W$ という量は、系の状態（温度や圧力など）さえ決まれば一定であるというのが、熱力学の第1法則です。

もう少しくだいて述べますと、熱（熱量）と仕事とは同等であって、その両方を考えた全エネルギーは保存される、ということです。熱と仕事は互いに変換し合うものであることを述べた法則ともいえるでしょう。

第2章◎財布のひもは固い──熱力学第1法則　73

　はじめが温度 T_1、内部エネルギー U_1 の状態、終わりが温度 T_2、内部エネルギー U_2 の状態であったとしますと（理想気体を考えていますから、内部エネルギーは温度だけで決まります）、内部エネルギーの変化量 ΔU は、終わりの量からはじめの量をひいた

$$\Delta U = U_2 - U_1 = Q + W \tag{2-33}$$

であたえられます。ただし、図 2-20 のように同じ ΔU であっても、Q と W とはいろいろな選び方ができます。たとえば、(a)のように、適当に加

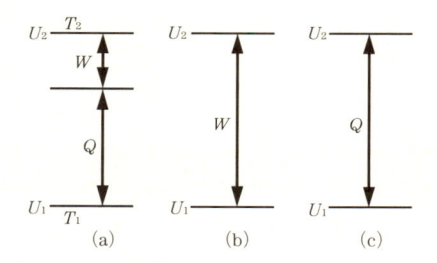

図 2-20　W と Q の配分

熱し（熱量 Q をあたえる）、それに応じた仕事を加えて（仕事 W をあたえる）、2つの和を ΔU にしてもよいし、(b)のように圧縮仕事 W だけで内部エネルギーを ΔU だけ増加させてもよい。また(c)のように加熱だけで理想気体の温度を T_1 から T_2 に上昇させても同じことになります。

　そして内部エネルギーの微小変化 $\mathrm{d}U$ は、(2-32)にならって書き直しますと、熱力学第1法則を

$$\mathrm{d}U = \mathrm{d}'Q + \mathrm{d}'W \tag{2-34}$$

と表すことができます。左辺は微分ですが、右辺はそうでないことに注意してください。$\mathrm{d}U$ は、はじめと終わりの状態（T と $T+\mathrm{d}T$）で決まり、途中の道すじ、つまりエネルギー $\mathrm{d}'Q$ や $\mathrm{d}'W$ の配分の仕方には無関係です。このような微小変化のことを、数学で完全微分といいます。完全微分である $\mathrm{d}U$ に対して、$\mathrm{d}'Q$ や $\mathrm{d}'W$ は、はじめと終わりの状態が定まっても途中は一通りには決まりません。このような $\mathrm{d}'Q$ や $\mathrm{d}'W$ のことを、不完全微分とよびます。

熱力学第1法則(2-34)は、(2-32)の $d'W = -pdV$ により

$$dU = d'Q - pdV \qquad (2\text{-}35)$$

と表すことができます。この式を移項すると

$$d'Q = dU + pdV \qquad (2\text{-}36)$$

(外から加えた熱量＝系の内部エネルギーの増加＋外界へする仕事)
となりますが、こうなっても内容は同じことです。(2-36)は、外から系に加えた熱量が、気体の温度上昇と外部に対してする仕事の和に等しいということを表しています。工学では、(2-36)のほうが使いやすいことは明らかでしょう。

横丁ゼミナール

洋平「ちょ、ちょっと待ってください。(2-32)の左辺にある記号は d'（ディーダッシュ）とダッシュがついているのに、右辺にあるのは微分記号の d（ディー）ですよね。こんなことってアリなんですか？」

陽子「つまりは、記号の後に続く仕事と体積の、両者の性質の違いってことなんじゃないかしら……」

先生「その通りだね。物体の状態を表す量を状態量（もしくは状態変数）とよぶことは前に述べたが、仕事は状態量ではなく、体積は状態量である」

陽子「とすると、熱も状態量ではない？」

先生「そう、熱も仕事と同様、状態量ではない。しかし、その2つを加えた内部エネルギーは状態量になる。温度も、圧力も、体積も状態量である」

陽子「熱と仕事は、始状態から終状態への道筋が一通りではない……。これは前に聞きましたよね」

先生「そう、だから熱や仕事を状態量とおいて状態方程式を書くことができない。数学では状態量は完全微分という形になるが、熱や仕事は、そうならない」

陽子「たとえば、ある物体に $d'W$ という微小仕事量を与えても、それが素直に系の仕事の微小増加 $d'Q$ にはならない？」

先生「まあ、そういう言い方もあるね。ともかく熱も仕事も、その微小量を微係数 dQ や dW として状態方程式に組み込むことができない」

陽子「でも、上のピストンの場合のように外部から熱を加えることもなく、ピストンを押すという仕事だけが全部——つまり摩擦や熱伝導というエネルギー損失もなく——そっくり気体の内部エネルギーになるときには、どうなんでしょう？　つまり、そのときは $d'=d$ で、$dW=-pdV$ とおける？」

先生「おける。$d'W$ や $d'Q$ は条件によっては dW や dQ としてよろしい。たとえば $d'W$ か $d'Q$ のどちらかがゼロである場合とか、可逆過程の場合など……」

クマさん「カギャクカテイ……か。舌を噛みそうだな」

先生「そういう場合は、dW あるいは dQ として、微分や積分が自由にできる。だから、(2-32)の両辺を積分することは可能になる」

クマさん「オイラにはついていけないね」

先生「いやいや、熱と仕事をママコ扱いしない場合もある、ってこと」

例題 3　(1)　箱に入った 1 モルの理想気体に熱をあたえて、温度を 27℃ から 127℃ に上昇させた。このときの内部エネルギーの増加は何 J(ジュール)か。

ただし、モル比熱は $C_v=(3/2)R$ であり、気体定数 $R=8.31$ J/molK は記号のまま R を使用せよ。

(2)　1 モルの理想気体を温度 27℃ から 77℃ まで加熱した。このとき必要な熱量は何 J か。

また、このとき内部エネルギーの増加が(1)と等しくなるためには、外部から何 J の仕事を加えなければならないか。

解　(1)　モル比熱は $C_v=(3/2)R$ であり、定積変化(体積の変化なし)だから、あたえられた熱がそのまま内部エネルギーになる。

$$\Delta U = \frac{3}{2} R (127 - 27) = 150 R \text{ (J)}$$

(2) あたえられた熱量 Q は

$$Q = \frac{3}{2} R (77 - 27) = 75 R \text{ (J)}$$

$$\therefore \quad W = \Delta U - Q = 150 R - 75 R = 75 R \text{ (J)}$$

第1法則をミクロに見れば

　熱力学第1法則を単純化したミクロなモデルで考察してみます。1モル、N_A 個の分子を図 2-21 のようにシリンダーの中に入れます。

　まず、ピストンの運動方向に沿った1次元の運動だけを考えましょう。図 2-21 の右端はピストン、左端は固体分子の壁を表します。右側のピス

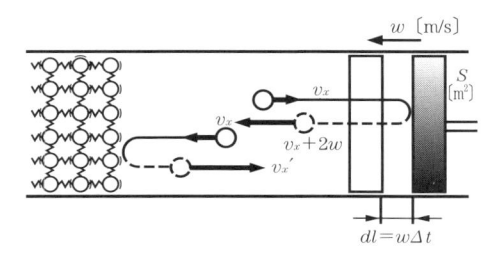

図 2-21　第1法則のモデル

トンが内に向かって進むと、気体分子はピストンに衝突して跳ね返るたびに運動エネルギーを増やします。このエネルギーの増加は外からの仕事 $d'W$ に相当します。また、左側の固体分子が単振動(バネの振動)するとして、その振動が激しくなると、気体分子は固体分子と衝突して運動エネルギーが増加します。この増加は、外から(気体に)加えられた熱量 $d'Q$ に等しいことになります。

　気体分子にとっては、どちらの方法でエネルギーを増加させても、内部エネルギーが増加することに変わりはありません。これを人間の目から眺めたとき、仕事をすることと熱をあたえることとが別々に感じられるのにすぎません。

　以下、外部仕事 $d'W$、外からの熱量 $d'Q$ と気体の内部エネルギーの増

加との関係を、この単純化したモデルにより確かめてみます。計算は基礎的な数学の知識で十分ですが、面倒でしたら飛ばして次へ行って下さい。

はじめに、図 2-21 のピストンで気体分子を圧縮するときの仕事を考えます。ピストンを速度 w で Δt 秒間だけ圧縮します。ピストンは分子に比べて質量が十分に大きいので、分子が衝突してもピストンの速度 w は変わりません。また、分子の x 方向の速度 v_x に比べて、ピストンをゆっくりと動かし、$w \ll v_x$(ピストンは遅い)、$w\Delta t \ll l$(シリンダは長い)であると仮定します(記号 $\ll$ は大きな差を表します)。

1 個の気体分子は、ピストンと 1 回衝突するごとに、速度が v_x から $v_x + 2w$ に変化します[*]。そのため、衝突するたびごとの分子のエネルギーの増加 ΔE は(運動エネルギーは $E = mv^2/2$ と表されますので)

$$\Delta E = \frac{1}{2} m(v_x + 2w)^2 - \frac{1}{2} mv_x^2$$

$$\approx 2mv_x w \qquad (2\text{-}37)$$

さきほどの (2-14) の導出(p.61)によれば、1 秒間の衝突回数は $v_x/2l$(気体の速度は非常に速いので、これは数万回という回数)ですので、したがって、Δt 秒間の衝突回数は $v_x \Delta t / 2l$ になりますから、Δt 秒間のエネルギー増加 $\Delta E(\Delta t)$ は、N_A 個の分子について和($i=1, 2, \ldots N_A$)をとって

$$\Delta E(\Delta t) = \sum_{i=1}^{N_A} \underbrace{2mv_x(i) w}_{\text{エネルギー}} \times \underbrace{\frac{v_x(i)}{2l} \Delta t}_{\text{衝突回数}}$$

$$= \frac{m}{lS} \left(\sum_{i=1}^{N_A} v_x^2(i) \right) Sw \, \Delta t \qquad (2\text{-}38)$$

(2-38) の $m \sum_{i=1}^{N_A} v_x^2(i) / lS$ は、式 (2.26) より圧力 p に等しく(なぜなら(圧力)=(力)/(面積)、すなわち、(エネルギー)/(体積)、だからです)、$Sw\Delta t$ は $-Sdl$、すなわち $-dV$ ですから

$$\Delta E(\Delta t) = -p\,dV = d'W \qquad (2\text{-}39)$$

次に、図 2-21 の左側の壁における熱交換を見てみましょう。シリンダ

---

[*] 弾性衝突ですので、衝突後の気体の速度を v'_x とすると $(v'_x - w)/(v_x + w) = 1$ が成立ち、これから $v'_x = v_x + 2w$ となります。

—内部の気体分子が、壁の固体分子と衝突するときのエネルギー交換について考えるわけです。

　質量 M の固体分子は図2-21のように規則正しい配列の結晶を形づくっています。どの分子もおのおのの平衡点を中心にして、等しい振動数で単振動をしていると仮定します。このモデルをアインシュタイン・モデルといいます。実際の固体分子の振動数は 10^{13} から 10^{14} ヘルツ [Hz] 程度です。この振動のバネ定数を K、角振動数(振動数を f とすると、それに 2π を掛けた $\omega = 2\pi f$ を角振動数とよびます。これは三角関数で扱えるようにするためです)を $\omega (=\sqrt{K/M})$ とすると、固体分子のx方向の変位xは

$$x = a\sin\omega t \tag{2-40}$$

ですから、これを t で微分すると速度は

$$v_x = a\omega \cos\omega t \tag{2-41}$$

となります。x 方向の単振動のエネルギーは、運動エネルギーとポテンシャル・エネルギーの和で

$$E = \frac{1}{2}Mv_x^2 + \frac{1}{2}Kx^2 = \frac{1}{2}Ma^2\omega^2\cos^2\omega t + \frac{1}{2}Ka^2\sin^2\omega t \tag{2-42}$$

(2-42)の時間平均をとると、$\overline{\cos^2\omega t} = \overline{\sin^2\omega t} = 1/2$ ですから($\sin^2\theta + \cos^2\theta = 1$ を思い出して下さい)

$$\overline{E} = \frac{1}{4}Ma^2\omega^2 + \frac{1}{4}ka^2 = \frac{1}{4}Ma^2\frac{k}{M} + \frac{1}{4}ka^2$$

$$= \frac{1}{2}Ka^2 = kT_s \tag{2-43}$$

ここで、$Ka^2/2 = kT_s$ とおきました。なぜなら、このときの x 方向の温度を T_s としますと、単振動のエネルギーと温度とは $\frac{1}{2}Ka^2 = kT_s$ という関係にあるからです(k はボルツマン定数です)。バネの振幅が大きくなると温度が高くなる、といってもよいかと思います。(2-43)は固体分子の単振動の平均エネルギーですが、この平均エネルギーの自由度は2です。これは、単振動のエネルギーが運動エネルギーと位置エネルギーの2つのエネルギーからなっているからです。従って1つの自由度当たりでは $(1/2)kT_s$ です。

他方、理想気体の温度を T としますと、この気体分子の x 方向のみ（自由度は 1/3 になる）の運動エネルギーは、$U = (3/2)kT$ の 3 分の 1 の $kT/2$ で与えられます。固体と気体の分子が衝突すると運動エネルギーを交換しますから、その差 ΔE は

$$\Delta E = \frac{1}{2}\overline{E} - \frac{1}{2}kT = \frac{1}{2}kT_s - \frac{1}{2}kT$$

$$= \frac{1}{2}k(T_s - T) \qquad (2\text{-}44)$$

$T_s > T$ のとき、熱源から受ける熱量 $d'Q$ が、(2-44) に相当するのです。

真っ赤な血から得たヒント

　これまで、熱量 Q と仕事 W を同じ単位ジュール[J]で表してきました。しかし、栄養学などではキロカロリーを使い、古い工学書では kg m などが使われているようです。

　このように熱と仕事が同じ単位、ジュールを使っていることは、熱と仕事が本質的に同一のものであることを意味しています。高校のころ、1cal＝4.12J と暗記しませんでしたか。実はこれは、ただの換算式ではなく、熱量と仕事とをつなぐという重要な意味があったのです。

　熱力学第 1 法則は、要するに仕事と熱量とをエネルギー保存則にあてはめたものにほかなりません。エネルギー保存則、およびその一斑(ぱん)（一部分）としての熱力学第 1 法則は、19 世紀の半ばに確立されたものですが、それは主として次の 3 人の功績によるものです。

　　　　　　マイヤー（独、J.R. Mayer, 1814〜1878）
　　　　　　ジュール（英、J.P. Joule, 1818〜1889）
　　　　　　ヘルムホルツ（独、H.L.F. Helmholtz 1821〜1894）

文献のうえでは、エネルギー保存の考えを初めて公にしたのはマイヤーで、1842 年とされています。しかし、ほとんど同じころジュールもすでに熱と仕事との相関関係を調べる実験を 1854 年に行っています。ヘルムホルツは少し遅れて、もっと一般的なエネルギー保存の法則を確立しました。

　一般にエネルギー保存則というと、熱や仕事に限らず、光・電気・磁

気・音などあらゆるエネルギーを含めて、1つの系内のエネルギーの総和は一定不変であるという法則です。自然科学の根本原理とされていますが、このような広い意味のエネルギー保存則はヘルムホルツによってはじめて完成されたものです。

　　　　　　　　　　　　　ロベルト・マイヤーは、科学史上もっとも変わった人物の1人でしょう。

　　　　　　　　　　　　　マイヤーは1814年に南独ハイルブロンに生まれました。チュービンゲン大学で医学を修めた後、1840年に船医としてジャワ（現在のインドネシア）行きのオランダ船に乗り込みました。マイヤーはそのときまで、物理学に対する特別の関心や、もちろん目立った
図2-22　マイヤー
才能を示していませんでした。

　しかし同年夏、熱帯の船医としての次のような体験から、彼のインスピレーションは突然かき立てられました。

「1840年夏のジャカルタに滞在中のこと、私は、新しく到着したヨーロッパ人から採血したところ、その腕の静脈血が例外なく赤くて鮮明であることに強烈な印象を受けた。」

　人間の体熱は、栄養物が血液中で燃焼（酸化）するときに放たれる熱により供給されるのですから、肺で新しく酸素を供給された動脈血に比べて、静脈血が黒ずんで見えるのは血液の酸化の進行——血中の遊離酸素の減少——の結果である、とみるラボアジエの理論に結びつけて、マイヤーは次のように考えました。熱帯地方では体温と外気との温度差が小さく、したがって体温を一定に保つための酸素の消費量が少なくてすむはずである、よって静脈血の色も鮮やかである、というわけです。

　さらに彼の推論は、栄養物の酸化は熱の源泉になるだけでなく、筋肉労働の源泉でもあるのだから、熱と仕事とは互いに関係があるのではないか、と進みました。

　この話は出来すぎていて疑問をもつ向きもないではありません。東大の渡辺正雄教授によりますと

「今日の医学の常識からすると、ドイツと南洋との温度差ぐらいで静脈の血の色がそれほど違うことはないそうであるから、これは大変偶然的な、もしかしたら間違いあるいは錯覚が原因になった発見かもしれない。……憶測にすぎないかもしれないが、青い南洋の海を見ていた目でやや赤黒い血を見ると、普通に見るよりはずっと赤く見える。……」*

ともあれマイヤーは、ある日、はたと天啓に目覚めたという、まるでつくり話のような筋書きですが、このときの経験から熱と仕事の問題にとりつかれて、港に停泊中にももっぱら船内の自室にこもって思索にふけっていたといわれています。

1841年6月、帰国後半年に満たずして「力の量的および質的規定」という論文を書き上げて、ポッケンドルフ編集の「物理学・化学年報」に投稿しました。しかし抽象的な内容を理由に、掲載を拒否されました。

次に1842年に「無生界の力についての考察」が「化学・薬学年報」にはじめて発表されましたが、これもまったく注目されませんでした。

その後もいくつかの論文を自費出版しましたが、ほとんど認められることなく、逆に地元では嘲笑を買い、1850年には突発的に自殺を図って精神病院に収容されました。それから3年して、ようやく退院したのですが、マイヤーの精神の平衡は再び回復することはありませんでした。しかし、長く慣れ親しまれた「熱が仕事をする」という言い方を、「熱が仕事に変わる」と訂正したのは、マイヤーだったのです。

ジュールがあきらめたわけ

さて、マイヤーについては、ひとまずこれくらいにして、主役のジュールに話を移しましょう。ジェームス・プレスコット・ジュールは1818年マンチェスターの西隣りのサルフォードという町で生まれました。生家は祖父の代からここで造り酒屋を営む財産家です。

ジュールはその家の次男に生まれ、1834年から数年間、マンチェスター在住のドルトン（Dalton John，1776〜1844）のところへ化学を習いに

---

*渡辺正雄「エネルギー」（東大出版会）、p.17

図 2-23 ジュール

通いました。時あたかも電磁気学の勃興期にあたり、1820年のエルステッド(H. C. Oersted, 1777～1851)の電流の磁気作用に端を発して、ファラデー(Michael Faraday, 1791～1867)を中心とする研究者たちの論文が続々と発表されていました。

そのうち、ジュールにもっとも大きな影響をあたえた人はランカスター生まれのスタージョン(William Sturgeon, 1783～1850)でした。スタージョンは発電機から直流電流を得る整流子という機械と、電池によって動く直流モーターを1836年に発明しました。さらには自分の体重の20倍もの重さを吊り上げる電磁石を発明して、大いに人気を博したということです。ジュールは彼の影響を強く受けて電気の研究を始め、その最初の論文はスタージョンの始めた「電気年報(Annuals of Electricity)」という雑誌に送られたくらいです。

ジュールはスタージョンの発電機やモーターが、その当時動力源として勢いを得ていた蒸気機関に、やがては取って替わるのではないかと考え、その改良、つまり最小の電流の消費で最大の機械的な効果を得る方法の研究に取りかかりました。

ジュールの時代の電源は電池に限られていました。彼の研究から30～40年たって、ようやく1881年エジソンが最初の火力発電所を建設して現代風の電力輸送の時代が到来したのですから、無理もありません。

1841年になって、ジュールはマンチェスターのヴィクトリア・ギャラリーでの講演の中で、自分のつくったモーターの効率について次のような説明をしています。

「グローヴ電池*を使ってモーターを回したところ、電磁石が毎秒8フィート(毎秒2.4メートル)の速さで回転するときに効率が最大となり、その際、電池の亜鉛が1ポンド(450グラム)消費されるごとに331,400フ

---

*水銀を塗った亜鉛版を希硫酸中に入れたものと、濃硫酸中に白金板を入れたものを組み合わせた電池。

ィート・ポンドの仕事をします。ただ現在(1841年)の最良の蒸気機関の効率は、同じく1ポンドの石炭を燃やして約5倍の1,500,000フィート・ポンドもの仕事をするくらいに大きく、しかも亜鉛は石炭に比べ問題にならないほど高価ですから、モーターはとうてい経済的な動力源になりえません……。」

以上の理由からジュールは、電池を電源とするモーターの製作を断念しました。そして彼の関心は、電流が発する熱に向かうことになります。

仕事当量のナゾに近づく

　一口に電流が発生する熱を測るといっても、精密に測定するのは実験技術のうえからもきわめて難しいことです。この技術は最初はジュールによって、それからフランスのデュロン(Pierre Louis Dulong, 1785〜1838)とプティ(Alexis-Therese Petit, 1791〜1820)によって開拓されました。

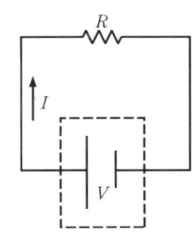

図2-24　電気回路

　ともかくジュールは図2-24のような回路の電流が発生する熱量Qを測定して、それが電気抵抗Rと電流の強さの2乗I^2と時間tとに比例するという関係に、実験的に到達しました。この単位時間あたりに$Q=RI^2$の熱が発生するということを述べたのがジュールの法則です。また、この熱量Q(単位はジュール/秒)をジュール熱とよびます。

　針金の抵抗をRとすると、電流Iは電圧$V=RI$から決まります。一方、ジュールの法則によれば、この電流がt秒間流れると針金にはCRI^2tの熱が発生します(定数Cは単位をジュールをカロリーに直すためのものです)。したがって全体で

$$Q = CRI^2t = CVIt \text{ cal} \qquad (2\text{-}45)$$

の熱を発生します。比例定数Cは現在では普遍定数$0.24[\text{cal/J}] = 1/4.2[\text{J/cal}]$であることがわかっていますが、ジュールはこの発熱量Qの比例関係を発見しただけで、まだ熱の仕事当量――つまり熱量(カロリー)と仕事量(ジュール)の間の関係――を確立したわけではありません。その理

由は、測定器が不完全であったためです。たとえばプイエ(C.S.M. Pouillet，1791〜1869)が正接検流計(電流による誘導磁場の方向を測って、その電流の強さを調べる装置)を発明したのはやっと1837年ですし、ウェーバー(W. E. Weber，1804〜1891)がこれを電流の測定に利用したのがようやく1842年でした。それはちょうど、ジュールの実験が終了した年に当たります。

ジュールは(2-45)の結果をもとにして

「電気は電池内で化学変化した物質の量に比例して流れ、起電力 V は一定であるから、結局、発生する熱は化学反応のエネルギーに比例する。」

と推定しました。

しかし、ジュールは、「磁電気」による発熱は化学的エネルギーとまったく無関係であることに気がつきました。磁場の中でコイルなり電磁石なりを回すと、ファラデーの法則に従って誘導電流が流れますが、彼はこの誘導電流のことを「磁電気」とよんだのです。この場合も誘導電流は抵抗の中を流れますから、前のジュールの法則に従って熱を発生します。それではいったい、この熱はどこに由来するのでしょうか？　この場合、電池は使っていません。電池を使った場合、ジュール熱の源は電池内で進行する化学変化と解釈することも、できない相談ではありません。しかし、誘導電流の場合にその源をさぐっていくと、もはやどこかにあった熱が動いてきたとみることは不可能で、力学的「仕事」以外に、その熱の原因を求めることはできなかったのです。

ジュールのたどった道は紆余曲折しながらも、しだいに熱の仕事当量の測定に近づいていきました。

はじめ、ジュールは誘導電流のジュール熱という、かなり複雑な方法で熱の仕事当量、すなわち1カロリーの熱が何ジュールの仕事に相当するかを求めました。いわば、仕事当量の「直接」的な測定に達するために、電流を「媒介」するという回り道をとったのです。それには、電磁石を回転させるために外から加える仕事量を測らなければなりません。

超有名な実験

やがてジュールは図2-25左図のような、有名な、しかも簡単な仕組を考案することによって難問を解決しました。回転軸に図のように糸を巻きつけ、糸は滑車を通して分銅をのせた皿につなぎます。こうすれば軸に働いた仕事は、分銅の重さとその落下距離とから簡単にわかります。磁場の中でコイルを回すには、電磁的な力に打ち勝って回すので仕事が必要になりますが、磁場をはずした場合にも同じ速さで回転させるためには、機械的な摩擦抵抗が残るので多少の仕事が必要になります。この値は誤差とし

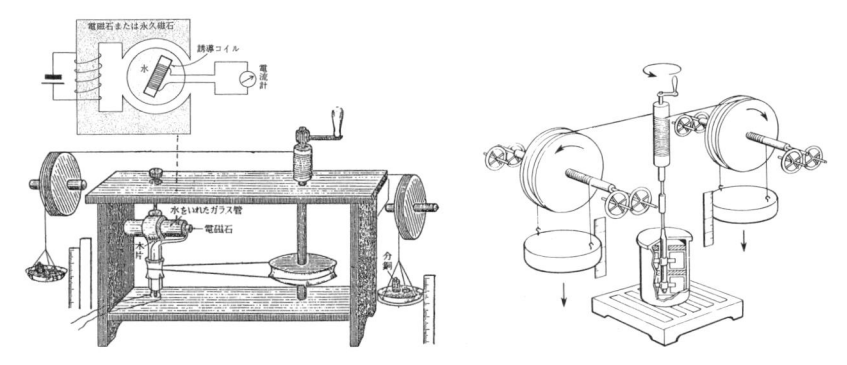

図2-25 ジュールの実験（誘導コイルは水を入れた容器ごと回転させる）

て補正すべきものですが、測定そのものは容易です。

この実験はきわめて難しいものでしたが、ジュールはこれから、1kgの水を1℃暖める熱は116kgmの仕事に相当する、つまり1kgの水の温度を1℃上げる熱量は、それを116mの高さに持ち上げる仕事に等しいという結果を得ました。こうして得られた熱の仕事当量は、現在知られている値よりも8％程度大きいのですが、当時としてはむしろ驚くべき成果といってよいでしょう。

ジュール［J］の測定のための次の方法が、羽車で水（ほかに鯨油、水銀）をかき回す実験でした（図2-25右）。これは、今までのいろいろな方法が単純化されて必然的にゆきつく方法です。結果は1845年6月、ケンブリッジで開かれた王立協会の集いではじめて発表されました。中心軸は前に行った落下重錘の方法で回され、59.8m/℃という値が得られまし

た。

　ジュールは、このもっとも簡単な方法がJの精密測定に適していることを確かめ、その精度を上げるためにさらに努力をして、1847年6月、オックスフォードで新しい結果を報告しました。

　重錘は5フィートばかり降下するようになっていて、降りてしまうとまた巻き上げるという操作を20回繰り返しました。その結果、水についての測定値は78.15フィート/°F（=428.3m/℃）、鯨油については782.1フィート/°Fを得ました。

　これを現代風に書き直しますと、熱の仕事当量は4.1855J/molになります。現代の厳密値は

$$1\mathrm{cal} = 4.1866\mathrm{J}$$
$$1\mathrm{J} = 0.2389\mathrm{cal}$$

(2-46)

です。

　さて、ジュールに対して、先ほどのマイヤーの業績が認められだしたのは、チンダル(Tyndal John, 1820～1893)が、「運動の形態としての熱」と題する講演でマイヤーを弁護したあとからです。マイヤーが精神病院を出てから10年もたっていました。1870年にロンドン王立協会はジュールにコプリー牌を与え、翌71年、1年遅れて同じ賞をマイヤーに与えました。

　蛇足ですが、「熱の仕事当量」というときの「当量」は、英語ではequivalentで、「同価値のもの」とか「同等のもの」の意味です。

真空膨張の結末

　ジュールは熱の仕事当量を決定したのち、実際の気体（理想気体ではない）の内部エネルギーが体積とどう関係するかを調べるため、次のような実験をしました。

　図2-26のようにA、B、2つの器を、栓Cをもつ細い管で連絡しておき、Aには22気圧の空気を満たし、Bは真空にしておきます。そして、これを水の中に入れておきます。この実験は、栓Cを開け、Aの空気がBに入っていったときの温度の変化を、水温を測ることにより調べようと

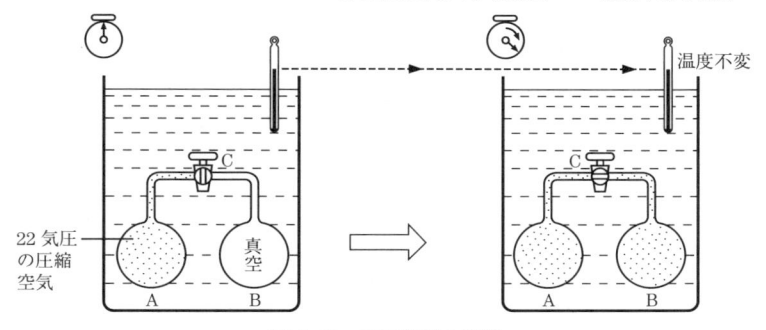

図 2-26 真空膨張の実験

いうものです。

Aの体積をV_1、AとBを合わせた全体の体積をV_2とします。栓Cを開くと空気はAからBのほうに入ってきて、しばらくすると、平衡状態になります。このとき水と容器を含めた全体の熱の収支Qは0、外部からされる仕事Wも0(真空中に膨張しても$W=0$です。真空の容器に吸い込まれていくので、仕事をされているように思えますが、吸い込まれているのではなく、空気が自発的に移動(拡散)しているだけ)ですから、熱力学第1法則(2-33)より

$$\varDelta U = U_2 - U_1 = Q + W = 0 \qquad (2\text{-}47)$$
$$\therefore \quad U_1 = U_2$$

が成り立ちます。したがって、内部エネルギーUの値に変化はありません。

さらに、はじめの体積V_1のときの温度をT_1、また膨張したあとの温度をT_2とすると、(2-47)は

$$U_1(V_1, T_1) = U_2(V_2, T_2) \qquad (2\text{-}48)$$

と書けます。つまり関数U_1の変数はV_1とT_1、またU_2の変数はV_2とT_2ということです。しかし、温度T_1とT_2を実測すると、両者はほとんど等しいので、内部エネルギーUの添え字1、2は省くことができて

$$U(V_1, T_1) = U(V_2, T_1) \qquad (2\text{-}49)$$

になります。

つまり、このとき内部エネルギーUは体積に関係なく、温度だけで決まるのです。

ただし、このことは「理想気体」についてのみ正しく、現実の気体ではそうはいきません。なぜなら、現実の気体では体積の変化によっても内部エネルギーが変わってくるからです。つまり体積変化によって分子間の距離が変わり、分子間の位置エネルギーが変わります。したがって、内部エネルギーも当然変わってくる、というわけです。

理想気体では、この分子間力をゼロと仮定しています。分子と分子の間での衝突、あるいは分子と壁（これも分子です）との衝突はすべて完全弾性衝突（衝突の前後で運動エネルギーが変わらない）としていますから、飛び回る空間が広かろうと狭かろうと、分子が混んでいようといまいと、理想気体では運動エネルギーは変化しません。理想気体ではその運動エネルギーの総和が内部エネルギーですから、内部エネルギーは体積に影響されない、と、こういうわけです。一方、運動エネルギーは温度に直結しているので、内部エネルギーは当然、温度にのみ依存することになります。

このような理想気体の仮定から、運動エネルギーの総和すなわち内部エネルギー U は、(2-19)、(2-28)に示したように、1モルあたり

単原子分子では
$$U = \frac{3}{2}RT \tag{2-50}$$

2原子分子では
$$U = \frac{5}{2}RT \tag{2-51}$$

となります。単原子分子の運動の自由度が3であるのに対し、2原子分子では回転の自由度が2つ加わって、5になるからでした。以下とくに断らない限り、気体としては理想気体、とくに単原子分子をストーリーの主人公に選びましょう。

ところで、力学では質点といって大きさがゼロで質量だけをもつ点を考えます。さらに形まで考慮するときは、剛体といって外力を加えても変形しない架空の物体を取り上げます。電磁気学でおなじみのクーロンの法則は点電荷を仮定します。流体力学の基礎は完全流体です。この場合は粘性抵抗や圧縮性は無視するわけです。

このように見ますと、熱力学で理想気体を取り上げるのも、科学の定石（じょうせき）として当然のことなのがおわかりになるでしょう。

定積比熱と定圧比熱

　水の比熱が 1cal/g であることはよく知られています。そもそも水 1 グラムの温度を 1℃ (ただし、14.5℃ から 15.5℃ へ) 高めるのに必要な熱量が 1 カロリーである、と定義されています。もし、ある物質 1 グラムの温度を 1℃ 高めるのに C カロリー必要なら、その物質の比熱は C ということになります。ただし、条件がつきます。温度の上昇中に化学反応が起こったり、相転移といって、突然、気体が液体に変わるといった相の変化がないということが必要です。

　体積とか圧力の変化は化学反応とはみなしませんから、たとえば体積一定のもとで圧力変化を許して比熱を測ったり、または圧力を一定にしておいて、体積の変化を許した条件下で比熱を測ったりするのは許されます。当然、その 2 つの条件下では比熱の値は違ってきますから、前者の場合を定積比熱、後者を定圧比熱といって区別しなければなりません。

　さて、理想気体 1 モルをとり、(a)体積を一定にしたときと、(b)圧力を一定にしたときの比熱を求めてみましょう。

(a)　定積モル比熱 C_v ; $V=$ 一定、つまり $dV=0$ のとき

　体積を一定にしたまま、外部から熱量 Q をあたえ、温度を TK から $(T+1)$K に上昇させたとします。

　(2-36)で、$dV=0$ ですから

$$d'Q = dU \tag{2-52}$$

　　　　(外から加えた熱量＝気体の内部エネルギーの増加)

となります。ですから(2-50)、(2-51)を用いて

$$d'Q_v = C_v \times 1 = dU = \frac{3}{2}R(T+1) - \frac{3}{2}RT = \frac{3}{2}R \quad \text{単原子分子} \tag{2-53}$$

$$d'Q'_v = C_v \times 1 = dU = \frac{5}{2}R(T+1) - \frac{5}{2}RT = \frac{5}{2}R \quad \text{2 原子分子} \tag{2-54}$$

これから、単原子分子の定積モル比熱は $(3/2)R$、2 原子分子の定積モル比熱は $(5/2)R$ であたえられることがわかります。

(a) 定積変化

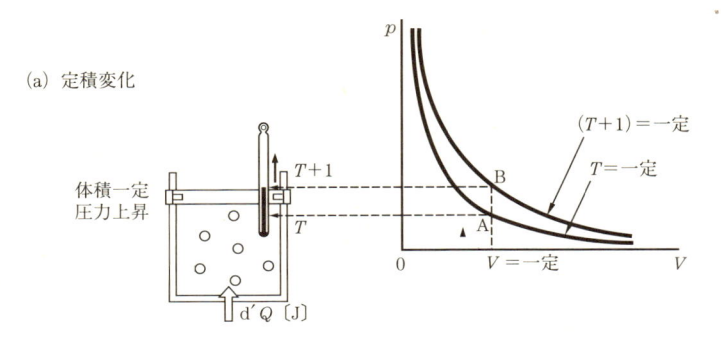

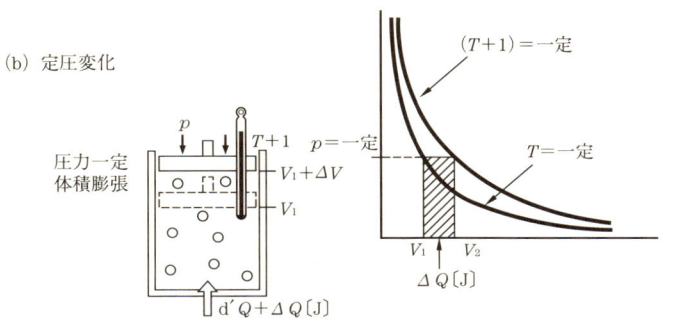

体積一定
圧力上昇

d'Q〔J〕

(b) 定圧変化

圧力一定
体積膨張

d'Q+ΔQ〔J〕

図 2-27　定積変化と定圧変化

(b)　定圧モル比熱 C_p；$p=$ 一定、つまり $dp=0$

このときは、温度を TK から $(T+1)K$ に上昇させるときの内部エネルギーの増加 dU（(a) と同じ値）と、図(b) の p-V 図の斜線部の仕事との和、すなわち $d'Q_v + \Delta Q$ が、定圧モル比熱 $C_p \times$（温度差 1 度）、に相当します。そのため、与える熱量 $d'Q_v + \Delta Q$ は

$$d'Q_v + \Delta Q = C_p \times 1 = \frac{3}{2}R\,\{(T+1)-T\} + p(V_2 - V_1)$$

$$= \frac{3}{2}R + pV_2 - pV_1 = \frac{3}{2}R + R(T+1) - RT$$

$$= \frac{3}{2}R + R = \frac{5}{2}R$$

$$\because pV_2 = R(T+1),\quad pV_1 = RT \quad \text{(状態方程式)}$$

従って
$$C_p = \frac{5}{2} R \tag{2-55}$$

(2-53) と (2-55) を比べてみると、圧力を一定にして体積膨張を許すとき、C_v に比べて、C_p は仕事 (外部仕事) のために余分に熱量を使うので

(気体の温度上昇に必要な熱) : (外部仕事) =

$$C_v : (C_p - C_v) = \frac{3}{2} R : \left(\frac{5}{2} R - \frac{3}{2} R\right) = 3 : 2 \tag{2-56}$$

の比であたえられます。単原子分子を定圧膨張させるとき、(気体を暖める熱量) と (外部にする仕事) との比は 60 対 40 になるわけです。

同様にして 2 原子分子の定積比熱 C_v は $(5/2)R$ でしたから、定圧モル比熱 C_p は、$(5/2)R + R = (7/2)R$ になります。

また一般に理想気体では

$$C_p - C_v = R \tag{2-57}$$

が成り立ちます。この関係をマイヤーの関係といいます。

さらに比熱比 γ を C_p/C_v で定義すると、単原子分子の比熱比は

$$\gamma = \left(\frac{5}{2} R\right) / \left(\frac{3}{2} R\right) = \frac{5}{3} \tag{2-58}$$

また、2 原子分子の比熱比は

$$\gamma = \left(\frac{7}{2} R\right) / \left(\frac{5}{2} R\right) = \frac{7}{5} = 1.4 \tag{2-59}$$

であたえられます。機械工学の内燃機関では γ として 1.4 を採用しています。これは、空気の主な成分が、酸素、窒素といった 2 原子分子であることを考えれば、当然のことといえるでしょう。

この章を3分で

- **ボイルの法則** 一定温度の気体の圧力 p と体積 V は反比例する
  $pV = $ 一定
- **シャルルの法則** 定圧変化では、一定量の気体の体積 V は絶対温度 T に比例する

$$V/T = 一定$$

- **ボイル・シャルルの法則**
$$pV = nRT$$
- **理想気体** ボイル・シャルルの法則に従う仮想的な気体
- **内部エネルギー** 物体を構成する分子の位置エネルギーと運動エネルギーの和
- **ファンデルワールスの状態方程式** ボイル・シャルルの方程式を補正した状態方程式
$$(p + an^2/V^2)(V - nb) = nRT$$
- **状態量** 物質のマクロな状態を表し、状態を定めれば一意に決まる量。温度、圧力、体積、エントロピー、内部エネルギーなど
- **熱力学第1法則** 系に加えられた熱量 Q と仕事 W の和は、内部エネルギーの増加 $\varDelta U$ に等しい
$$\varDelta U = Q + W$$
$$dU = d'Q - pdV$$
- **仕事当量** 熱の、仕事への変換係数
$$W = JQ, \quad J = 4.19 \text{ J/cal}$$
- **理想気体の内部エネルギー** 温度のみに依存し
  単原子分子　$U = (3/2)RT$
  2原子分子　$U = (5/2)RT$
- **定積モル比熱** 体積を一定にしたときの1モルあたりの比熱　単原子分子　$C_v = (3/2)R$
- **定圧モル比熱** 圧力を一定にしたときの1モルあたりの比熱　単原子分子　$C_p = (5/2)R$

第3章
「じわじわ」から
エントロピーへ

3.1　可逆変化と不可逆変化

行きはよいよい、帰りはこわい

　私たちは、いよいよ熱力学の第2法則に取り組むわけです。

　第1法則は熱と仕事を含めたエネルギー保存則でした。その中心は「内部エネルギー」、つまり分子の運動エネルギーと位置エネルギーの総和です。ただし、理想気体では分子どうしの相互作用(位置エネルギー)を無視しますので、内部エネルギーとは運動エネルギーのことを指します。

　さてそれでは、第2法則の中心は何でしょうか。それは「エントロピー」というやっかいなものです。名前だけは聞いたことがあるかと思いますが、これはとっつきにくく、わかりにくいので有名です。しかし、なんといっても第2法則の主役はエントロピーですから、これを避けて通るわけにはいきません。なお、その前に、第2法則を理解するうえで重要ないくつかの言葉があります。これについて少し説明をしておかないと、チンプンカンプンに終わるおそれがあります。

　まず、可逆と不可逆の話をしましょう。この可逆とか不可逆という言葉は科学全般でひんぱんに使われます。

　化学で可逆というと、すぐ思い出されるのは可逆反応でしょう。しかし物理学でいう"可逆"は、いわゆる化学の可逆反応とは直接関係のないこ

とに注意する必要があります。むしろ、まったく別の用語であると考えたほうが安全です。

化学でいう可逆反応といえば、アンモニアの生成反応

$$N_2 + 3H_2 \rightleftarrows 2NH_3 \quad +22.0 \text{ kcal/mol} \tag{3-1}$$

が例としてよくあげられます。平衡状態(順方向と逆方向の反応速度がつり合って、反応が止まっているかのように見える状態)にある N_2 と H_2 の気体混合物を、温度を一定に保ちつつ圧縮し、全体の圧力を高くすると、左から右への反応 $N_2 + 3H_2 \longrightarrow 2NH_3$ がいくらか進んで、アンモニアの割合が多い新しい平衡状態になります。逆に混合気体の圧力を下げると、分子の総数が増して全圧が上がる方向の反応、つまり $N_2 + 3H_2 \longleftarrow 2NH_3$ がいくらか進みます。

これが化学の可逆反応です。しかし、左辺から右辺に矢印が向かうとき、22.0kcal の発熱が起こりますから、この反応を進めるには外界が熱を吸い取ってやって、温度一定の条件を満たしてやることが必要です。

しかしこれは、化学的には可逆でも物理的な意味での可逆ではありません。なぜなら、この左から右への反応は外界に熱の影響を残すからです。

それでは物理的な可逆とは、どういうことでしょうか。これはちょっとやっかいです。

いま、ある系が状態 A から状態 B へ変化したとして、次にこのプロセスを逆に進めて、系の状態 B をはじめとまったく同じ状態 A に戻したときに、外界に何の変化も残っていないならば、状態 A → B は可逆的に変化したといいます。

これに対して、系が B から A へ戻ったときに、外界にたとえわずかでも何か影響が残ってしまう場合は、A → B の変化は不可逆変化とよばれます。自然現象は、まず不可逆変化であると思ってよいでしょう。

摩擦や、電気伝導は発熱をともないますから、すべて不可逆変化です。これに対して、

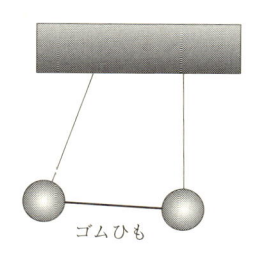

図 3-1　連成振り子

摩擦や空気抵抗がないものと仮定した場合の単振り子の純力学的な振動は、可逆変化とみなしてよいでしょう。そのほかの可逆変化の例としては、真空中に設置された連成振り子のような周期運動があげられます。このとき、一方の振り子が元の状態に戻れば、他のもうひとつの振り子の状態も元に戻るので、この周期運動は可逆です。

基本は「じわじわ」

これに対して、熱力学の可逆変化では、膨張や圧縮のどちらの過程でもピストンをじわじわ*とゆっくり動かしてやります。この"じわじわ"の意味は、ピストンの内側と外側の圧力差をきわめて小さくして、常に気体が十分な近似で状態方程式を満たすようにして膨張や収縮をさせる、ということです。この過程は常に熱平衡状態を保っています。なぜなら、状態方程式とは、熱平衡にある系を表す式なのですから。

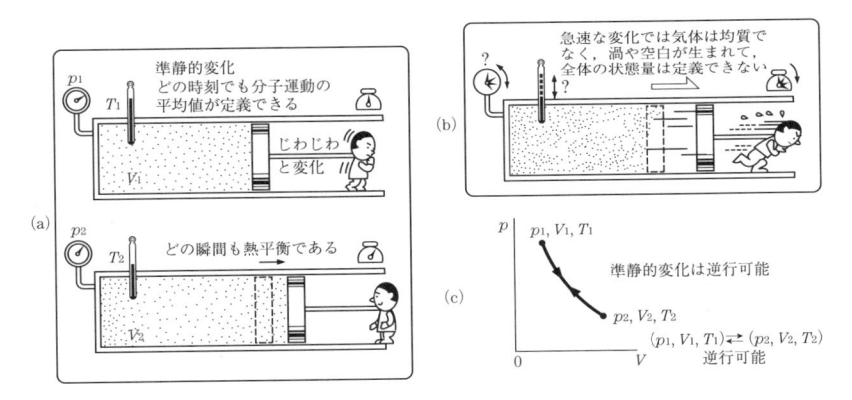

図3-2 「じわじわ」の物理

このように、熱平衡を維持しながら、ゆっくりと状態を変化させる過程を準静的過程といいます。「準」とは、上にも述べましたように、「十分近似的な」という意味です。では、どのくらいゆっくりかというと、まあ蟻の動きぐらいと考えてください。

＊朝永振一郎「物理学とはなんだろうか(上)」(岩波書店) p.162

「準静的過程は可逆であるが、可逆変化は必ずしも準静的過程ではない…」学生時代、この2つがどう違うのか、さっぱりわからなくて困った覚えがあります。それはお前がボンクラだからだ、と思われる方は、この項を読まれてみるとよろしいでしょう。

いま図3-3のような(T, p, ξ)系を考えます。ξ(グザイ)は化学で用いられる反応進行度というものです。ここでは単に化学反応の進行度合を示すパラメーターと考えてください。ある時点で、図の左の系は、熱的・

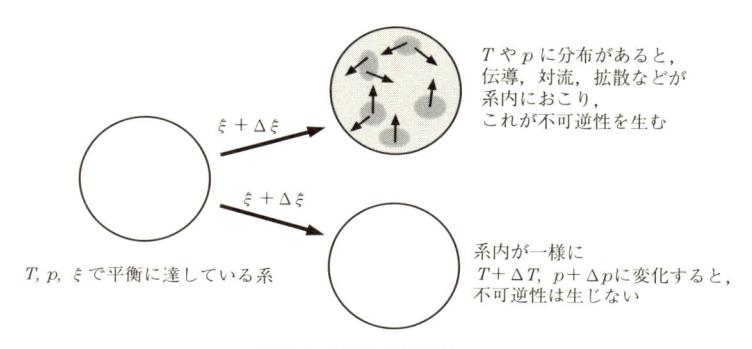

図中注記：
- Tやpに分布があると，伝導, 対流, 拡散などが系内におこり，これが不可逆性を生む
- 系内が一様に$T+\Delta T$, $p+\Delta p$に変化すると，不可逆性は生じない
- T, p, ξで平衡に達している系
- $\xi+\Delta\xi$

図3-3 可逆と準静的

力学的な平衡状態に達していたとします。そしてその後、系の状態変化が起こったと考えます。たとえば、化学反応が瞬間的でなく有限の速さで(したがって、じわじわではなく)起これば、系内の温度変化や圧力変化が有限の速さで起こり、不可逆性の原因となります。しかし、もしTやpの変化が、たとえ有限の速さで起こったとしても、その変化が系内の至るところで一様に、かつ同時に起こったとすれば、不可逆性は生み出されません。

すなわち、無限小だけ状態の異なる平衡状態が、無限に積み重なって起こると考えられる準静的過程は、変化の方向を正逆どちらに戻ることもできますから、可逆になります。しかし、上でも述べたように、有限の速さで起こる変化、したがって準静的でない変化でも、図3-3からわかるように、可逆変化になることがあります。これをまとめると

$$準静的 \Longrightarrow 可逆$$
$$可逆 \not\Longrightarrow 準静的$$

になります。

等温変化、これは重要

　図 3-4(a) は温度 T_1 の等温膨張過程、(b) は温度 $T_2(<T_1)$ の等温圧縮過程です。シリンダーの側壁とピストンは断熱材でできていて、シリンダー

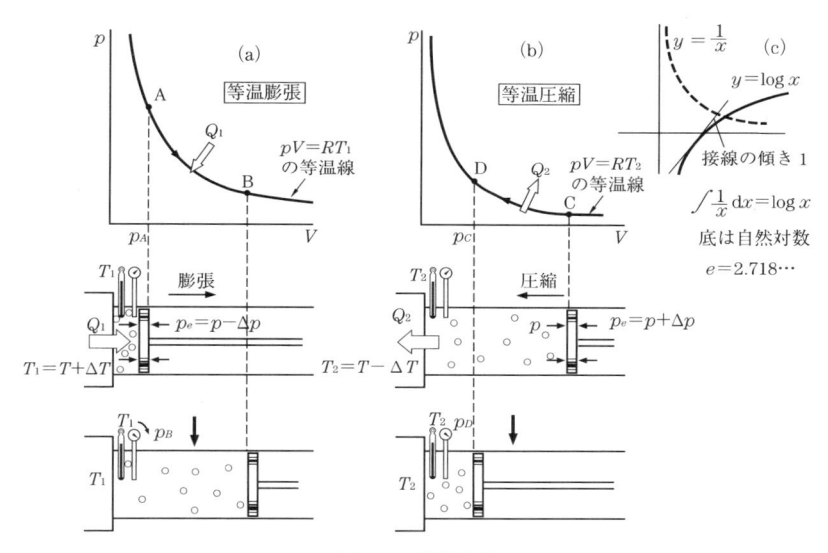

図 3-4　等温過程

の底部だけを熱源と接触させます。熱源としては温度 T_1 と T_2 の 2 つの熱源を用意し、膨張のときには T_1 と、また圧縮のときには T_2 の熱源と接触させます。シリンダーには理想気体を入れておきます。ただし 2 つの熱源は十分に熱容量が大きく、シリンダーの放熱や吸熱による熱源の温度変化は無視できるものと考えます。

　(a)、(b) とも、気体の圧力 p は外力 p_e と比べて、$\pm \Delta p$ だけ大きさが違うとして、$\Delta p \to 0$ ならば、気体の膨張や圧縮を準静的過程——つまり可逆過程——として扱うことができます。熱源と気体との温度差 ΔT も同様に $\Delta T \to 0$ の極限をとり、膨張と圧縮にともなう気体の温度もそれぞれ一様に T_1 や T_2 に保つものと決めます。

＊ $U=(3/2)RT$ または $(5/2)RT$ であるから、$T=$ 一定なら $dT=0$、したがって $dU=0$。

(a)、(b)どちらの場合も気体の温度は一定に保たれていますから、内部エネルギーの変化はゼロです。そのため、吸熱した分が全部仕事になったり、仕事が全部放熱してしまうという点に注意してください。(b)では、気体が外部からされた仕事はすべて熱量 Q_2 に変わって、それが(シリンダー底部からの)放熱だけに使われます。

　等温変化で大事なのは、次のことです。

(熱源から)気体への熱の入・出 ↔ 気体が外部にする仕事の正・負

　さて、まず吸熱 Q_1 の値を求めてみましょう。

　熱力学第1法則(2-35)をあらためて書いてみます。

$$dU = d'Q - pdV \tag{3-2}$$

内部エネルギーの変化 $dU=0$ ですから、上の式は

$$d'Q = pdV \tag{3-3}$$

可逆過程という条件下にあるので $d'Q$ は dQ に等しく、ボイル・シャルルの法則 $p = RT_1/V$ を代入して V について積分する(和をとる)と

$$Q_1 = RT_1 \int_{V_A}^{V_B} \frac{dV}{V}$$

$$= RT_1 \left[\log V\right]_{V_A}^{V_B} = RT_1 \left[\log V_B - \log V_A\right] \tag{3-4}$$

$$= RT_1 \log \frac{V_B}{V_A}$$

ここで $\int dx/x = \log x$ を使いました。

　(b)の等温圧縮では、外部からされた仕事は全て熱となって温度 T_2 の低温熱源に吸収されます。そのため(3-3)の右辺に -1 を掛けて

$$d'Q = -pdV \tag{3-5}$$

となって、(3-4)と同様に

$$Q_2 = -RT_2 \int_{V_C}^{V_D} \frac{dV}{V} = -RT_2 \left[\log V\right]_{V_C}^{V_D}$$

$$= RT_2 \log \frac{V_C}{V_D} \qquad (3\text{-}6)$$

つまり、等温膨張では熱を吸収し、等温圧縮では熱を放出します。Q はシリンダーに入ってくる熱量を正としていることに注意しましょう。

断熱変化、これも重要

　系と外界の間に熱の出入りがない場合を断熱変化(過程)といいます。それは、まったく孤立した系を考えるとか、完全な断熱材ですっかり囲むとかすれば可能です。

　このとき第1法則の式は

$$dU = d'W \qquad (3\text{-}7)$$

となります。気体を準静的に断熱膨張させるには、図3-5の下段のようにピストンのついたシリンダーのまわりを断熱材で囲んで、外圧 p_e を無限にゆっくりと減少させます。このとき内圧 p が p_e と平衡を保ちながら(正確には $p_e = p - dp$、$dp \to 0$)、気体は限りなくゆっくりと膨張します。逆に(右図中段のように)外圧 p_e を無限にゆっくり増加させると、準静的な断熱圧縮が起こります。このような準静的変化にともなう微小な仕事 $d'W$ は、(2-32)に見たように

$$d'W = -p\, dV \qquad (3\text{-}8)$$

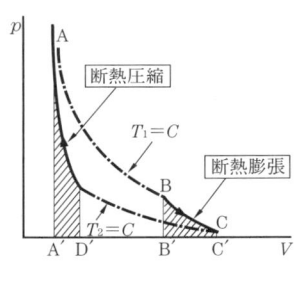

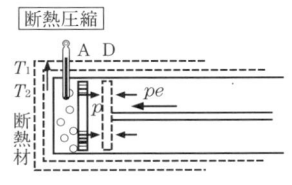

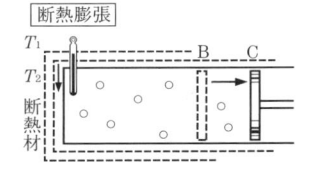

図3-5　断熱変化

になります。

また理想気体では、前にも述べましたように内部エネルギーは温度のみの関数となります。熱容量は一般的に $C_v = \mathrm{d}U/\mathrm{d}T$ ですから[*]、

$$\mathrm{d}U = C_v \mathrm{d}T \tag{3-9}$$

(3-7)、(3-8)、(3-9)によって

$$\mathrm{d}'W = C_v \mathrm{d}T = -p\mathrm{d}V \tag{3-10}$$

上式の右辺に $p = RT/V$ を代入した後、(右辺から T を消去するために)両辺に $1/T$ をかけて、状態 $B(T_1, V_B)$ から状態 $C(T_2, V_C)$ まで両辺を積分する(和をとる)と

$$\int_{T_1}^{T_2} \frac{C_v}{T} \mathrm{d}T = -R \int_{V_B}^{V_C} \frac{\mathrm{d}V}{V} \tag{3-11}$$

C_v は定積比熱なので一定、さらにマイヤーの関係 $C_p - C_v = R$ を上式に代入すると

$$C_v \int_{T_1}^{T_2} \frac{\mathrm{d}T}{T} = -(C_p - C_v) \int_{V_B}^{V_C} \frac{\mathrm{d}V}{V} \tag{3-12}$$

両辺に $1/C_v$ をかけて、それぞれ積分を実行すれば、$C_p/C_v = \gamma$ として(γ を比熱比とよびます)、

$$\log \frac{T_2}{T_1} = -(\gamma - 1) \log \frac{V_C}{V_B}$$

$$= \log \left(\frac{V_C}{V_B}\right)^{-(\gamma-1)} \tag{3-13}$$

になります。上式から

$$\frac{T_2}{T_1} = \left(\frac{V_B}{V_C}\right)^{\gamma-1} \tag{3-14}$$

つまり

$$T_2 V_C^{\gamma-1} = T_1 V_B^{\gamma-1}$$

これを一般化して

---

[*] 体積が一定ならば、$\mathrm{d}Q = \mathrm{d}U$ だから、$C_v = \mathrm{d}Q/\mathrm{d}T = \mathrm{d}U/\mathrm{d}T$。

$$TV^{\gamma-1} = 一定 \tag{3-15}$$

一般に $\gamma>1$ ですから、膨張すなわち $V_C>V_B$ のときは $T_2<T_1$ となります。つまり、断熱膨張にともなって温度は低下します。同様に $V_A>V_B$ のときは、$T_2>T_1$ となって、断熱圧縮にともなって系の温度は上昇することがわかります。仕事がすべて内部エネルギーになるのですから、当然といえば当然です。

また、$pV=RT$ から得られる $T_2/T_1 = p_C V_C/p_B V_B$ を用いて(3-15)を変形すると

$$p_C V_C^{\gamma} = p_B V_B^{\gamma} \tag{3-16}$$

従って $pV^{\gamma} = 一定 \tag{3-17}$

となります。これをポアソンの式といいます。ポアソン(Poisson, 1781～1840)は19世紀のフランスの科学界で大活躍した数理物理学者で、運動エネルギーの概念を導入した1人でもあります。

図3-5は等温膨張(実線)と断熱膨張(点線)、および等温圧縮(実線)と断熱圧縮(点線)を比較した p-V 図です。等温変化では $p \propto 1/V$、断熱変化では $p \propto 1/V^{\gamma}$ ($\gamma>1$)ですから($\propto$ は比例関係を表す記号)、断熱線は等温線よりも常に傾きが大きくなります。

3.2 主役登場、カルノー・サイクル

究極のエンジン

前にも述べましたように、熱力学は熱機関の改良にともなって発展した学問です。熱機関は、熱を利用してシリンダーにはめたピストンを往復運動させ、連続的に仕事をさせる装置といえます。

有限の大きさの装置を使って仕事を連続的に限りなく取り出すためには、往復運動を繰り返さなければなりません。シリンダーの中の気体(これを一般に作業物質といいます)は往復運動の1周期ごとに元の状態に戻

ります。そして、このような周期的な過程をサイクルとよびます。

　さて、できるだけ効率のよい、熱を無駄にすることのない熱機関をつくるためには、その効率を悪くする原因をつきとめなければなりません。車を例にとると、エンジンという高温の熱源から、空気や冷却水（クーラント）という低温の熱源へ少なからず熱が移動するという事実に注目する必要があります。蒸気機関ならば、高温の加熱蒸気から冷却水への熱の移動を例にとれば事情は同じです。つまり、熱機関を運転するためには高低2つの熱源は熱的に非平衡、つまり温度差がなければなりません。しかし、高低2つの熱源をそのまま接触させると、熱は高温の熱源から低温の熱源にただ移動するだけで、外部に何の仕事をすることもなく、全部無駄になってしまいます。そして最後には、せっかくあった温度差もなくなってしまうのです。

　そこで、
「高温の熱源から低温の熱源へと移動する熱を、最大限有効に仕事に変えるような方法はないものだろうか？」
とカルノーは考えました。ここで読者は、「最大限」などといわず100パーセント、熱を仕事に変える熱機関をなぜ考えないのだ、と思われるかもしれません。しかし、カルノーが明らかにしたのは、高熱源から低熱源へ移る熱を100パーセント仕事に変えて、しかもサイクル（これは際限なく運転するのにぜひ必要な条件です）を構成するような熱機関は存在しえないということだったのです。それどころか、その効率が、カルノーの考えた理想的な熱機関——すなわちカルノー・サイクル——を超えるような熱機関も存在しないことが、カルノーによって明らかにされるのです。

　熱機関の効率を改善する努力は何百年にもわたって積み重ねられてきましたが、結局、カルノー・サイクルこそ究極の効率をもつエンジンであることが明らかになったのです。

　1824年、サディ・カルノー（Sadi　Carnot,

図3-6　カルノー

1796～1832)は、「火の動力と、この力を発現させるのに適した機械に関する考察」という論文を発表して、熱機関の効率を最大にする方法を初めて公にしました。しかし、慧眼なイギリスの物理学者W.トムソン(William Thomson, 1824～1907、のちのケルビン卿)がカルノーの論文を発掘して世に紹介するまで、25年もの歳月がかかりました。

カルノーの論文は1824年、またフーリエの熱伝導論が完成した年が1811年ですから、ほぼ同じころの研究です。フーリエは、熱の移動を熱流として考えました。当時はまだ熱素説が十分勢いを持っていたのです。そのためカルノーの論文も熱素説をもとにしていますが、しかしカルノーは巧妙に熱素説の弱点を回避しています。

「熱を全部仕事に変える」ということだけなら不可能ではありません。理想気体を用いたカルノー・サイクルのうちの等温膨張過程では、作業物質(理想気体)である気体の内部エネルギーが不変なので、加えた熱量は全部仕事になってピストンを動かすことになります。

しかし、これだけではあとが続かず、熱機関としては用をなしません。ピストンを元に戻し、作業物質も元の状態に戻るようにして、周期的に働かせる必要があります。ピストンを元へ戻すときには圧力を弱めておかないと、せっかくやらせた仕事が取り戻されてしまいます。そのためには冷却が必要であり、作業物質から低温熱源に熱を放出しなければなりません。さらに、この理想的な機関のすべての変化の過程は、熱平衡を保つ準静的過程とします。その結果、2つの熱源をはさんだ途中の過程では温度差がつくられることがないので、無駄な熱の消費を避けることができるのです。

これぞカルノー・サイクル

図3-7はカルノー・サイクルの気体の変化をわかりやすく示したp-V図です。カルノーの理論をこのような図によって説明したのはクラウジウスです。クラウジウスは19世紀フランスの技術者で、彼の熱学の論文によってはじめて、エントロピーという量が世に紹介されました。カルノー・サイクルとは、さっき述べた等温過程と断熱過程を交互に組み合わせ

たものです。

① まず図のA点(圧力 p_A、体積 V_A、温度 T_1)から出発します。その状態の気体を、温度 T_1 の高熱源と接触させながら(つまり温度一定)、B点までゆっくりと膨張させます。この過程は等温膨張ですから、(3-4)からわかるように吸熱量 Q_1 は、

$$Q_1 = RT_1 \log \frac{V_B}{V_A} \quad (3\text{-}18)$$

であたえられ、これは全て仕事になります。

② 次のB→Cは断熱膨張です。つまり高熱源からシリンダーを離し、ピストンをBからCまでゆっくり動かします(外圧を内圧よりも少し下げて準静的に膨張

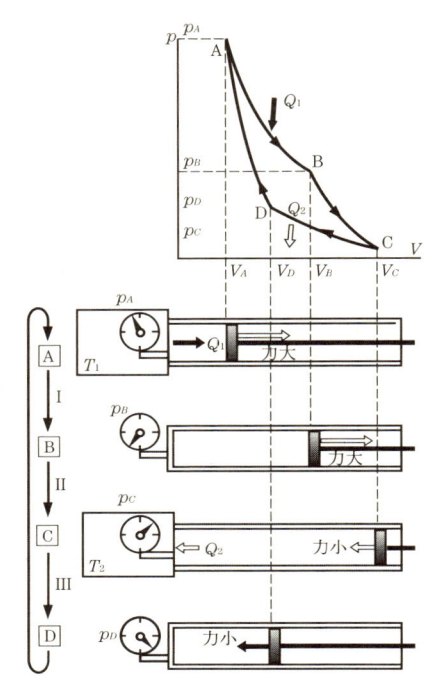

図3-7 カルノー・サイクル

させます)。これにともなう(気体のする)仕事 W_{BC} は、(3-10)を積分して

$$W_{BC} = C_v \int_{T_1}^{T_2} dT = C_v(T_2 - T_1) \quad (3\text{-}19)$$

気体は、この過程で膨張による仕事(ピストンを押す)をしますから、その結果、気体の温度は T_1 から T_2 に低下します。

③ C→Dは、温度 T_2 の低熱源と気体が接触している等温圧縮です。気体は、(3-6)からわかるように

$$Q_2 = RT_2 \log \frac{V_C}{V_D} \quad (3\text{-}20)$$

だけの熱量を低熱源に放出します。この過程で気体の温度は T_2 のまま変わりませんが、体積が V_C から V_D に縮まります。

④ 最後の過程 D → A は、シリンダーと熱源を離した断熱圧縮です。ここでは②とは逆に、内圧を外圧よりも少し下げて準静的に圧縮させます。それにともなう仕事 W_{DA} は、(3-10)を積分して

$$W_{DA} = C_v \int_{T_2}^{T_1} dT = C_v(T_1 - T_2) \tag{3-21}$$

気体は、この仕事 W_{DA} を受けとり、温度が T_2 から T_1 に上昇します。

結局は仕事がほしいだけ

　カルノー・サイクルは、何が何だかよくわからない、と言われます。そこで、以上に述べたことをあらためておさらいしてみましょう。図3-7を見てください。まず A→B 、および B→C の２段階では、ピストンが外部に向かって動き、外部へ仕事をします。具体的には、ピストンの内部の圧力が外部の圧力よりも少し（といっても無限に少し）高くなるようにしてやれば、ピストンはその圧力差によって外へ向かって動くわけです。このとき、まず A→B では、熱源 T_1 からの吸熱 Q_1 が、そっくりそのまま（ピストンに摩擦はないと考えますから）、ピストン（つまりは気体）の仕事に変わります。さらに B→C では、ピストンは外部に向かってさらに動き続け、仕事 W_{BC} をしますが、断熱状態なので熱は入ってきません。仕事をした分、内部エネルギーが減って、気体の温度は下がります。

　さて、次に C→D 、および D→A の２つの段階では、ピストンは外部から押されて（仕事をもらって）、内側へ向かって動きます。このとき、まず C→D の等温過程では、シリンダーは熱源 T_2 と接していますから、仕事はそのまま熱源 T_2 への放熱 Q_2 に変わります。次に D→A では、断熱状態のため、もらった仕事はそっくり気体の内部エネルギーの増加となり、気体の温度が上がります。

　結局、この４つの過程を一巡りする途中に気体が外部に対してする正味の仕事は

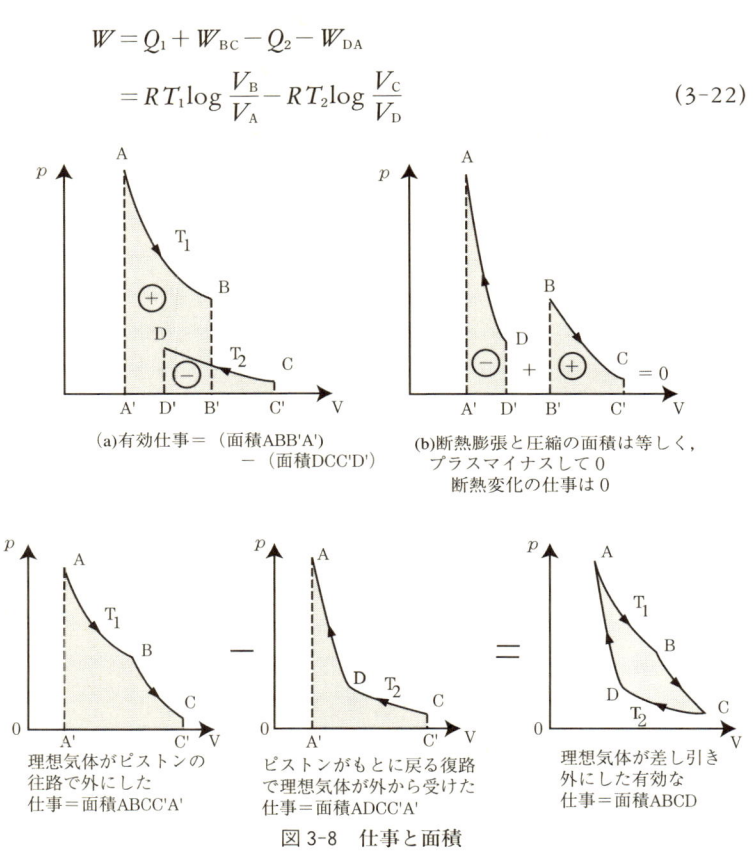

$$W = Q_1 + W_{BC} - Q_2 - W_{DA}$$
$$= RT_1 \log \frac{V_B}{V_A} - RT_2 \log \frac{V_C}{V_D} \tag{3-22}$$

(a) 有効仕事＝（面積ABB'A'）
　　　　　－（面積DCC'D'）

(b) 断熱膨張と圧縮の面積は等しく，
　　プラスマイナスして0
　　断熱変化の仕事は0

理想気体がピストンの
往路で外にした
仕事＝面積ABCC'A'

ピストンがもとに戻る復路
で理想気体が外から受けた
仕事＝面積ADCC'A'

理想気体が差し引き
外にした有効な
仕事＝面積ABCD

図 3-8　仕事と面積

となります。この関係を図 3-8(a)、(b) に示しておきます。

　図 3-7 もそうですが、これらの図は p-V 図とよばれます。横軸に体積 V を、縦軸に圧力 $p(V)$ をとって描かれるグラフです。p-V 図で心に留めておくべきことは、たとえば図 3-8(a) の曲線 AB の下に描かれた斜線部分の面積が、系が A から B に変化する間にした仕事を表しているということです。同様に曲線 DC の下の斜線部分の面積も、系が D から C に変化する際に行う仕事を表しています。もし、逆に C から D に変化したとしたら、その面積は、もらった仕事を表していることになります。

　というのは、仕事は $d'W = pdV = p(V)dV$ と書けますから、たとえば

理想気体の体積が V_1 から V_2 に可逆的に変化する間になされる仕事は、

$$W_{V_1 V_2} = \int_{V_1}^{V_2} p(V) \mathrm{d}V \tag{3-23}$$

という積分で表されます。積分とは $(p\mathrm{d}V)$ を集める操作だからです。この積分の値は、曲線 $p(V)$ と V 軸および $V=V_1$、$V=V_2$ の直線によって囲まれる面積に等しいということは、おわかりでしょう。

さらに、図 3-8(a) をくわしく見ますと、曲線 AB の下の ⊕ 印の斜線部分の面積は、気体が熱量 Q_1 をもらって外部にした仕事(符号はプラス)を表し、また DC の下部の ⊖ 印の面積は、外部から仕事をしてもらって(符号はマイナス)、放熱した熱量 Q_2 を表しています。したがって、⊕ 部分の面積から ⊖ 部分の面積を引くと、この気体が外部に対してした実質的な仕事(有効仕事という。符号に注意)が得られることになります。なぜ、これで実質的な仕事が表されるかというと、(3-19) と (3-21) からもわかるように、カルノー・サイクルでの断熱膨張と断熱圧縮の際の仕事は、プラス・マイナスで相殺してゼロになるからです。

カルノーがこの断熱過程を挿入した理由は、気体と熱源の間に温度差を作らず、すべてが可逆過程であるようにしたかったためです。可逆でない機関は熱損失を生みます。等温膨張、断熱膨張、等温圧縮、断熱圧縮の 4 つの過程をすべて準静的にして、最大効率の熱機関を考えたのです。

断熱過程の式 (3-15) を BC と AD の過程に適用すると

$$T_1 V_B^{\gamma-1} = T_2 V_C^{\gamma-1} \tag{3-24}$$

$$T_1 V_A^{\gamma-1} = T_2 V_D^{\gamma-1} \tag{3-25}$$

この上の式を下の式で割ると

$$\left(\frac{V_B}{V_A}\right)^{\gamma-1} = \left(\frac{V_C}{V_D}\right)^{\gamma-1} \quad \therefore \frac{V_B}{V_A} = \frac{V_C}{V_D} \tag{3-26}$$

になりますから、(3-26) を (3-22) に代入して

$$W = R(T_1 - T_2) \log \frac{V_B}{V_A} \tag{3-27}$$

とまとめられます。これは図 3-7 の ABCD の囲む面積に等しく、

$$W = Q_1 - Q_2 \tag{3-28}$$

ですから、気体は高温の熱源から熱量 Q_1 を吸収し、低温の熱源に熱量 Q_2 を放出し、その熱量の差が、気体が外部にする仕事 W に相当し、(3-27) のような式で表わされる、ということになります。

メインテーマは効率

さて、高温熱源の供給する熱量 Q_1 のうちどれだけが仕事 W として活用されるかを表す効率 η_C(イータ)は、次のように計算されます(η_C の添え字 C はカルノー・サイクルの C です)。

$$\eta_C = \frac{W}{Q_1} = \frac{Q_1 - Q_2}{Q_1} \tag{3-29}$$

(3-26)にみるようにカルノー・サイクルでは

$$\frac{V_B}{V_A} = \frac{V_C}{V_D} \tag{3-30}$$

ですから、(3-18)の $Q_1 = RT_1 \log V_B/V_A$、(3-20)の $Q_2 = RT_2 \log V_C/V_D$ から、

$$Q_1 - Q_2 = R(T_1 - T_2) \log \frac{V_B}{V_A} \tag{3-31}$$

これらを(3-29)に代入すると、結局

$$\eta_C = \frac{W}{Q_1} = \frac{Q_1 - Q_2}{Q_1} = \frac{T_1 - T_2}{T_1} \tag{3-32}$$

コンバインサイクル発電(複合発電) 蒸気動力利用の最も新しい形式.ガスタービンと組み合わせ、その排気熱を利用して蒸気タービンを動かす.

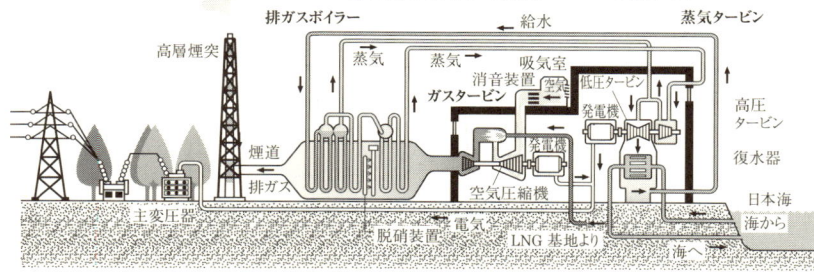

図 3-9 東新潟火力発電所(「週刊朝日百科」世界の歴史、18 世紀の世界 3、1990 より改変)

と、2つの熱源の温度のみの式になります。

このように、カルノー機関では、効率が2つの熱源の温度差、つまり高低両熱源の温度差と、高温熱源の温度だけで決まります。熱機関の効率を温度によって定式化したのは、カルノーがはじめてでした。彼より前の人々は、効率は蒸気の圧力が大きいほど向上するとか、あるいは蒸気量によるとか、高温熱源の温度だけで決まるとか、多くの過ちをおかしていました。蒸気という特別な物質にとらわれないで、文字通り熱の移動のみを理論化した点に、カルノーの先見性がありました。

さて、図3-9は東新潟火力発電所の断面図です。この発電所では225気圧の超臨界圧蒸気を543℃の高温に加熱して発電機を回し、温排水を低温熱源の日本海へ捨てています。この新鋭火力発電所の実際の効率 η (イータ) は44％です。

実際の効率は別として、この発電所の蒸気タービンをカルノー・エンジンとしたときの効率 η_c を求めてみましょう。海水の温度を23℃として

$$\eta_c = \frac{543-23}{543+273} = \frac{520}{816} \approx 0.64 = 64\% \tag{3-33}$$

になります。実際の効率44％は、カルノーの効率と比べても、かなり高い効率といえるでしょう。なお(3-32)の T は絶対温度です。

この発電所の発電能力は130万キロワット(kW)です。従って、この130万kWという数値は、高熱源の蒸気が発生する1秒あたりの熱量 Q_1 の44％にあたるのです。ですから、最初に発生している熱量は

$$Q_1 = 130\text{万kW} \div 0.44 = 295.5\text{万kW} \tag{3-34}$$

にも達します。

このとき、低温熱源である日本海に捨てた熱量 Q_2 は165.5万kWになるわけですから、この発電所は発電力130万kWの1.27倍の熱量で日本海の水を暖めていることになります。つまり、なんのことはない、どちらかといえば海水を暖めているわけです。

余談ですが、三重県の尾鷲(おわせ)市にある火力発電所では、この温排水を利用

図3-10 オットー・サイクル（定積燃焼、断熱膨張、断熱圧縮）

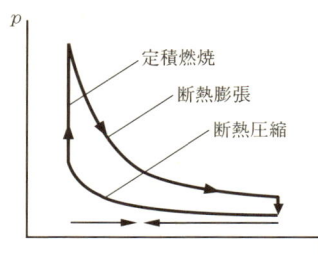

して鯛やカサゴを養殖しています。なんと賢いことではありませんか。

実際の熱機関は熱の伝導や摩擦をともないますから、効率はかなり低く、蒸気機関は20％以下、ガソリンエンジンは20～30％ぐらいです。しかしディーゼル・エンジンやガス・タービンになると比較的効率がよく、40％に達するものもあります。

カルノー・サイクルはあくまで「理想」であって、とうてい現実のものとは思えません。

そのため、ガソリン・エンジンやディーゼル・エンジンは基本的にオットー・サイクルを採用しています。しかし、このサイクルも、摩擦や熱伝導などの損失を無視していますから、これらの損失まで考慮すると、機関の効率 η は、カルノー機関の効率 η_c よりもかなり小さい値になります。

3.3　永久機関が生み落とした法則

働きたくないひとのために

往復運動もしくは回転運動によって繰り返し元に戻りながら、私たちに役に立つ働き、つまり車を動かすとか、いろいろな機械を運転し、しかも外から石油も石炭も供給しないでいいような仕掛け、いわゆる永久機関はずいぶん昔から人々の興味を惹きつけてきました。そのような機械ができれば、人類は働かなくてもすむかもしれないからです。

このように、外部からエネルギーをもらわずに際限なく仕事を続けるサイクル機関を、第1種の永久機関とよびます。18世紀も末になると、純粋力学の方法ではそのような装置がつくれないことがわかっていました。しかし、19世紀のはじめごろは、熱を使えば永久機関ができるのではないかと考えた科学者や技術者が、少なからずいたといわれています。

もう一度、熱力学第1法則の立場からこれを考えてみましょう。一般に、ある系が1つの状態から出発して、いろいろな状態を経たのち元の

状態に戻ったとき、この系は循環過程(サイクル)を行ったといいます。永久機関もサイクルを行うわけですから、一巡すると $U_2 = U_1$、$\Delta U = 0$ となりますので、第1法則は

$$\Delta U = U_2 - U_1 = Q + W = 0 \qquad (3\text{-}35)$$

ところが、第1種永久機関では燃料の熱を使わないのですから $Q = 0$ であり、さらに外へ仕事をするわけですから $W < 0$ となって、(3-35)は成り立ちません。つまり、熱現象を含めても第1種の永久機関は不可能ということになります。この結果、19世紀のはじめまで見続けた人類の夢は、はかなくも破れてしまいました。しかし、その夢の代償として、熱力学第1法則というエネルギー保存則が確立されたのです。

繰り返しになりますが、第1種の永久機関が実現不可能なのは、エネルギー保存則のためです。

トムソンいわく「働け!」

それでは、この保存則さえ満足していれば、どのような機関でもつくれるかというと、そうはいきません。

たとえば、海水の平均温度を15℃としましょう。世界の海水の総質量は推定 1.4×10^{18} トンですから、0℃を基準にとると、全海水の内部エネルギーは 8.8×10^{25} J にもなります。広島に投下された原爆のエネルギーが 8.4×10^{13} J ですから、海水は原爆の 10^{12} 個つまり10兆個分のエネルギーを持っていることになります。地球上の空気がもつ内部エネルギーも、海水と同じく膨大な値になるでしょう。ですから、海水から熱をとって航行する船や、地面や空気から熱を取って走る自動車がつくれたとすると、省エネルギーの効果は素晴らしいものになるに違いありません。

しかし、世の中はそんなに甘いものではありません。

> 温度の決まったただ1つの熱源から熱を受けとって、それを全部仕事に変え、それ以外に何の変化も残さないような過程は実現不可能である。

と主張したのがトムソンでした。いわば、受け取った熱を全部(100パーセント)仕事に変えることは不可能だということです。トムソンはのちにケルビン卿となった人なので、これをトムソンの原理、またはケルビンの原理といいます。効率100パーセントの熱機関を否定したこの原理は、これからみる熱力学の第2法則を表しています。このトムソンの原理の別の表現、クラウジウスの原理についてはあとで触れましょう。

　船が、スクリューを回すために海水から熱を奪うと、海水の温度は低下するはずです。ところがスクリューで海水をかき回しますと、摩擦熱を発生して温度が上がります。つまり差し引き、海水の温度変化は残らないことになるのではないでしょうか？　しかし、トムソンの原理はこれを否定しています。差し引き、海水の温度変化がゼロになることなどありえないのです。

　空気や地面から熱を奪って走る仮想的な車を考えてみましょう。自動車は止まるときにブレーキで発熱しますから、こういう車が動き回ったからといって地球が寒くなることはないような気もします。つまり、こんな自動車ができれば、その便利さは第1種の永久機関に劣りませんから、これを第2種の永久機関とよびましょう。しかし、トムソンにいわせれば、第2種の永久機関は存在しないのです。

　トムソンの原理は、次のような式を使って表すことができます。吸熱をQ_1、放熱をQ_2としますと、熱機関の効率ηは、一般に

$$\eta = \frac{Q_1 - Q_2}{Q_1} = 1 - \frac{Q_2}{Q_1} \tag{3-36}$$

であたえられます。ただし、$Q_2=0$、つまり$\eta=1$にはなることはない、ということです。このことはエネルギー保存則に反することではありません。なぜ、こうなるのか？　トムソンはその理由を探って、あれこれと思い悩みました。

　そもそも、熱現象が力学現象や電磁気現象と比べて違うのは、現象に方向性がある、つまり熱の移動の一方向性が存在することです。熱は、放っておけば高温のところから低温のところに向かって流れ、決して逆方向に

流れることはありません。

ありのままを受け入れたクラウジウス

1850年、クラウジウス（J.E.R. Clausius, 1822〜1888）は、トムソンのように不可逆性の原因をたずねることをやめて、現象が不可逆であることをそのまま熱力学の第2法則としました。クラウジウスの表現によると、

> 外部に何の変化を残すことなく、熱を低温の物体から高温の物体に移すことはできない。

物理学で、このように否定的な表現をした法則は珍しいものといえましょう。また、第1法則、第2法則といっても、熱力学の原理としては同格であることに注意してください。第1法則があるから第2法則がある、というわけではないのです。プロ野球の1軍、2軍とは違ったニュアンスなのです。

さて、トムソンの原理とクラウジウスの原理が結局は同じであることを証明しておきましょう。

図3-11(a)の左はトムソンの原理に反するエンジンです。トムソンの原理は熱を100パーセント仕事にするようなサイクルはないということで

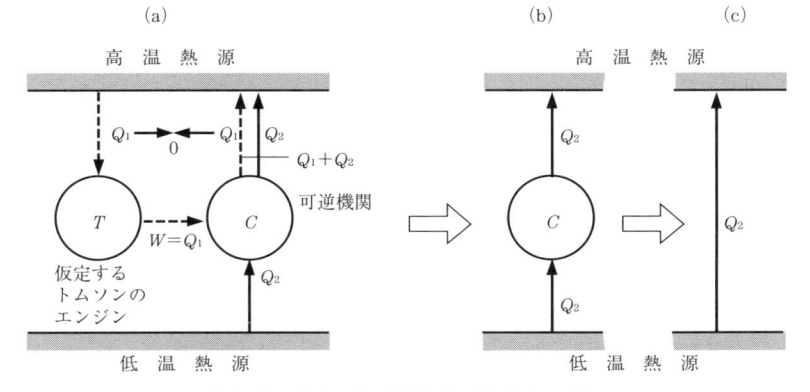

図3-11　トムソンの原理に反するエンジン

した。このエンジンで、高温熱源から熱 Q_1 を吸収して、これを全部仕事に変え、その仕事によって右の可逆機関を逆に回します。つまり低温熱源から熱 Q_2 を吸収して、合計 Q_1+Q_2 の熱を高温熱源に汲み上げるのです。なぜ Q_1+Q_2 を汲み上げられるかというと、可逆過程は、仕事というきっかけがあればそのまま逆に回すことができるからです。(a)の点線で表した Q_1 は正負打ち消し合いますから、(b)のように可逆機関 C は低温熱源から熱 Q_2 と汲み上げ、その Q_2 をそっくり高温熱源に運んでいることになります。C は可逆機関ですから、1 サイクルが終わると元へ戻ります。

　結果は図 3-11(c)のようになって、他に何の変化も残すことなく、熱が低温から高温へ移ります。クラウジウスの原理は、何も変化を残すことなく熱を汲み上げることはできないという原理でしたから、上の結果は、クラウジウスの原理に反します。つまり、トムソンの原理に反することは、クラウジウスの原理に反するのです。同様にして、クラウジウスの原理が成り立つことを仮定するとトムソンの原理が成立して、結局この両者は等価であることが証明されます。めでたし、めでたし……。

電気は冷房に使い、暖房に使うな

　図 3-12 のように高熱源として屋外を選んだ場合、熱機関はルームクーラーの役目を果すことになります。可逆的な熱機関を逆に回すとき、高熱源に汲み上げられる熱量 $Q_1 (=Q_2+W)$ と、熱機関を回すために必要な外部からの仕事 W の比は、(3-32)により

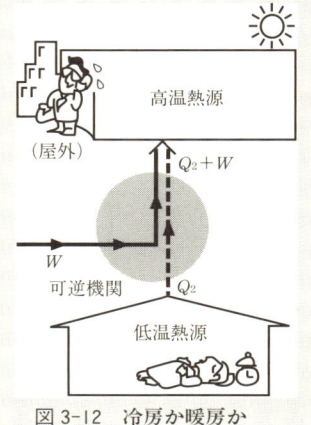

$$\eta_c = \frac{W}{Q_1} = \frac{W}{Q_2+W} = \frac{T_1-T_2}{T_1} \quad (3\text{-}37)$$

となります。この式から Q_2 と W の関係を導くと

図 3-12　冷房か暖房か

$$Q_2 = \frac{T_2}{T_1-T_2}W \quad \therefore W = \frac{T_1-T_2}{T_2}Q_2 \tag{3-38}$$

になります。この式からわかるように、クーラーを運転する電力 W は部屋を冷やすために汲み出す熱量 Q_2 に比べて、はるかに小さいものです。たとえば、カンカン照りの真夏の外気温が $T_1=33℃(306K)$ のときに、室温を $T_2=23℃(296K)$ に保とうとしますと

$$Q_2 = \frac{296}{33-23}W = 29.6W \approx 30W \tag{3-39}$$

となります。つまり、汲み出そうとする熱量 Q_2 の約 1/30 の電力 W でクーラーを運転すれば十分なことになります。普通の家庭一部屋分の冷房能力(毎秒 0.5kcal)のあるクーラーを考えてみましょう。毎秒 0.5kcal を電力に換算すると、約 2.1kW になります。したがって、クーラーの消費電力はこの 1/30 の約 70W でよい勘定になります。(3-39)は理想的な機関の場合ですから、仮に消費電力をその 5 倍としても、350W ですむわけです。電気を冷房に使うのは、適材適所というべきでしょう。

　クーラーの話はこれくらいにして、次に暖房に話題を移します。結論として、電気ヒーターによって暖房のための熱を発生させることは、かなり効率の悪い使い方です。

　図 3-12 で室内が高熱源、屋外が低熱源であると仮定します。屋外から Q_2 の熱を吸収し、その熱に、さらに熱機関を回すための仕事 W を加えた $Q_1(=Q_2+W)$ という熱が室内に送り込まれます。この場合の熱機関をヒートポンプとよびます。1 台で冷房・暖房両方に使える長所があるため、かなり普及しています(図 3-13 参照)。

　室内に流入する熱量 Q_1 と、ヒートポンプを運転するための電力 W の関係は、(3-38)と同様に

$$Q_1 = \frac{T_1}{T_1-T_2}W \tag{3-40}$$

この式は(3-38)とよく似ていて、右辺の分子 T_2 を T_1 に置き換えただけで

す。(3-39)では $T_2=23℃$、(3-40)では $T_1=33℃$ だとしても絶対温度ですから、暖房もクーラーも似たような電力ですみそうです。

　しかし、問題は人間の側にあります。たとえば夏の暑い日、外気が30℃になっていたとします。このとき室温が25℃になっていれば十分しのげて冷房病の心配すらあります。一方、冬の寒い日、外気が−5℃になっていたとします。このとき室温が外気より5℃高い0℃では「暖房になっていない」と文句を言うに違いありません。温度差が20℃もある15℃になって、ようやく満足するでしょう。やはり、石油やガスストーブを燃やして、直接暖をとる方が省エネルギーになるような気がします。

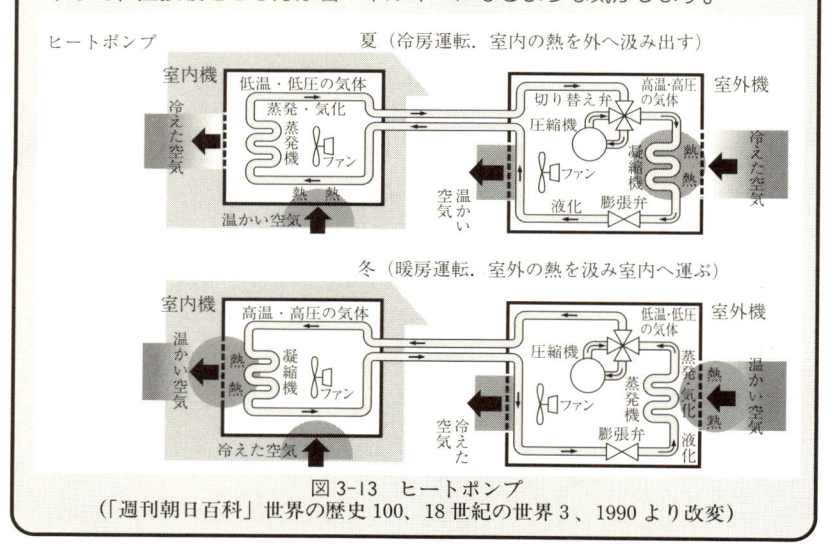

図3-13　ヒートポンプ
(「週刊朝日百科」世界の歴史100、18世紀の世界3、1990より改変)

カルノー・エンジンは最高最強

　これまで、エネルギー変換のための作業物質（ピストンの中の気体）として1モルの理想気体を選んできました。理想気体は計算しやすく、結果もわかりやすいという特徴があります。しかし、これまで述べてきた話は、理想気体という特殊な物質のためではないか、理想気体以外の作業物質では成り立たないのではないか、という疑問が生まれてきます。

　まず、結論を先にまとめておきましょう。

2つの熱源の間で働く任意の熱機関の効率 η は、同じ熱源を使ったカルノー・エンジン(等温変化と断熱変化を組み合わせたサイクル。準静的であり、可逆)の効率 η_c と比べて、次のような関係が成り立ちます。

可逆サイクルならば

$$\eta = \eta_c \tag{3-41}$$

不可逆サイクルならば

$$\eta < \eta_c \tag{3-42}$$

不可逆サイクルは熱伝導や摩擦がある場合ですから、(3-42)は自明でしょう。よって(3-41)に話を絞って証明します。この種の証明はなにやらユークリッド幾何を連想させます。あまり得意でない方は、結論の $\eta = \eta_c$ だけを理解しておいても差し支えありません。

まず $\eta > \eta_c$、つまり任意の可逆サイクルのほうがカルノー・サイクルよりも効率がよいと仮定します。この仮定がトムソンの原理に反することを示して、まず $\eta \leqq \eta_c$ を導きましょう。

図 3.14(a)の左 A では任意の可逆サイクルに従ってノーマルな運転を

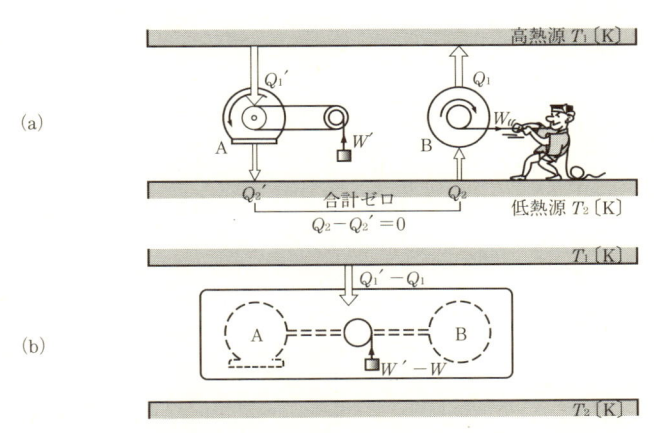

図 3-14 任意の可逆サイクルとカルノー・サイクル

していて、吸熱と放熱の熱量差 $Q_1' - Q_2'$ を仕事 W' に変えています。右の B ではカルノーの逆サイクル(冷凍機)として、外から仕事 W を加えて低

熱源から熱量 Q_2 を吸収して、$Q_1 = Q_2 + W$ を高熱源に与えています。このとき、Bの逆カルノー・サイクルを加減し、Q_2' と Q_2 を等しくすると、低熱源に出入りする熱量を合計ゼロにできます。こうにすると(3-36)より

A(任意の可逆サイクル)の効率は

$$\eta = 1 - \frac{Q_2'}{Q_1'} = 1 - \frac{Q_2}{Q_1'} \tag{3-43}$$

B(カルノー・サイクル)の効率(可逆だから逆順不変)は

$$\eta_c = 1 - \frac{Q_2}{Q_1} \tag{3-44}$$

となり、ここで $\eta > \eta_c$ を仮定してみると、(3-43)>(3-44)ですから

$$1 - \frac{Q_2}{Q_1'} > 1 - \frac{Q_2}{Q_1} \quad \rightarrow \quad \frac{Q_2}{Q_1'} < \frac{Q_2}{Q_1} \quad \rightarrow \quad Q_1' > Q_1 \tag{3-45}$$

また A、B のする仕事は熱量の差となりますので、次のように書けます。

Aの仕事

$$W' = Q_1' - Q_2' = Q_1' - Q_2 \tag{3-46}$$

Bの仕事

$$W = Q_1 - Q_2 \tag{3-47}$$

以上をまとめて図(b)のように、AとBを合体させて1つの熱機関とみなすと、全体が外へする仕事は $W' - W$ になりますが、これは(3-46)と(3-47)と(3-45)から

$$W' - W = (Q_1' - Q_2) - (Q_1 - Q_2) = Q_1' - Q_1 > 0 \tag{3-48}$$

つまり、高熱源から吸収した $Q_1' - Q_1$ の熱を、すべて正の仕事に変える(効率100パーセントの)第2種永久機関が実現できることになるのです。これではトムソンの原理に反してしまいます。そのため、仮定 $\eta > \eta_c$ が否定され、効率 η は、$\eta \leqq \eta_c$ の範囲に限られることになります。

さて、次に $\eta = \eta_c$ を証明します。そのために先に証明した $\eta \leqq \eta_c$ のうち、$\eta < \eta_c$ が成立しないこと、つまり、$\eta < \eta_c$ と仮定すると矛盾が生まれ

ることを確かめます。

今度は図3-15のように、任意の可逆サイクルAを逆行させ、カルノ

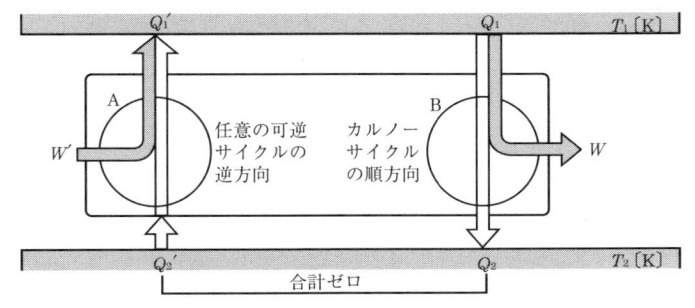

図3-15 可逆サイクルとカルノー・サイクル

ー・サイクルを順方向に運転させます。図3-14のA、Bと比べ運転はともに逆方向にしています。また、低熱源への熱の出入りがゼロになるように、カルノー・サイクルを調整します。前と同じ論法を用いますと、$Q_1 - Q_1'$の熱量を100パーセント仕事に変える第2種永久機関が実現することになり、$\eta < \eta_c$は成立しません。以上の結果から、可逆でさえあれば仕組みのいかんを問わず、

> すべての可逆サイクルの効率 η は、カルノー・サイクルの効率 η_c に等しい。

これをカルノーの定理といいます。カルノーの可逆サイクルの効率は2つの熱源の温度にのみに依存し、作業物質の種類を問いません。また、その効率は常に不可逆サイクルよりも高い、ともいえます。

やっと温度の定義

前項の議論から、任意の(つまり作業物質は何でもよい)可逆サイクルの効率 η_r は、理想気体を作業物質とするカルノー・サイクルの効率 η_c に等しい、という重要な結論を得ました。つまり

$$\eta_c = \eta_r \tag{3-49}$$

です。よって

$$\frac{Q_2}{Q_1} = \frac{Q_2'}{Q_1'} \tag{3-50}$$

さらに、可逆という性質(式(3-32)参照)から

$$\eta_c = 1 - \frac{Q_2}{Q_1} = 1 - \frac{T_2}{T_1}$$

従って

$$\frac{T_2}{T_1} = \frac{Q_2'}{Q_1'} \tag{3-51}$$

となります。(3-51)の右辺は、任意の物質を作業物質にとった可逆サイクルで、高熱源と低熱源の間でやりとりされる熱量の比の値です。これが理想気体のカルノー・サイクルの場合の値に一致するということです。すなわち、(3-51)の右辺は作業物質に関係なく定まる量になります。

そして、ケルビン卿(トムソンのこと)は、(3-51)の右辺が上式の熱効率 η_c によって決まることと、左辺が、たとえば T_1 を適当に選んだ基準温度であるとすると、これから T_2 という温度が一義的に定まることに着目しました。このように、物質の種類に関係なく定義された温度を、熱力学的温度といいます。これは絶対温度と一致します。

しかしこれだけでは、温度の比 T_2/T_1 が決まるだけですから、基準として、水の3重点(氷と水と水蒸気が共存する点で、圧力 6.025×10^{-3} atm、0.01℃)の温度を 273.16K と定めることになりました。この値はあくまで、目盛りを決めるための便宜上の手段にすぎません。つまり絶対零度から3重点までを 273.16 等分したものを1度としているのです。

3.4 エントロピー

とりあえずエントロピー

図3-7に見たようなカルノー・サイクルの p-V 図は、お世辞にもわかりやすいとはいえません。これは、等温線や断熱線を描くのに、肝心の温度を変数にとったグラフを描かないで、圧力や体積を使ったグラフを描い

ているためです。

一方、図3-16の(a)はカルノー・サイクルではありませんが、定圧変

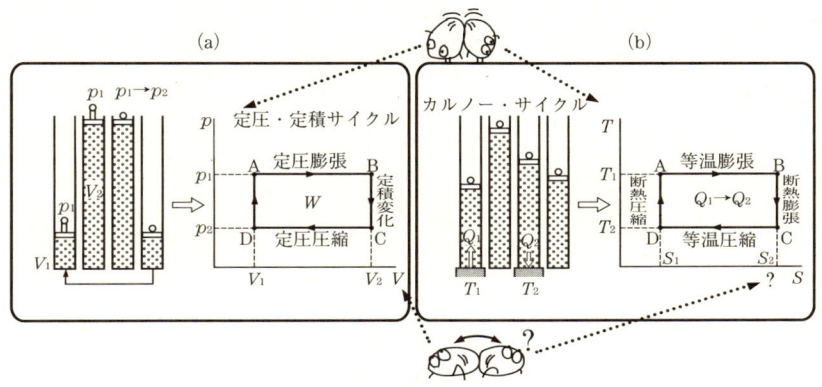

図3-16 定圧・定積変化の p-V 図とカルノー・サイクルの T-S 図

化と定積変化を組み合わせたサイクルです。このサイクルは長方形になっていて、図上の面積 AV_1V_2B はピストンの押し込みのときの仕事 W_1、また DV_1V_2C はピストンが戻るときの仕事 W_2 を表します（なお B → C、および D → A では仕事をしません）。その結果、このサイクルのする仕事 W は長方形の面積 $W_1 - W_2$ に等しく、これまでと違って大変スッキリしています。

ところでこれまで、仕事 W については p-V 図だけを取り上げてきました。今度は、温度 T とエントロピー S を用いた図で表すことを考えます。

図3-16(b)は、カルノー・サイクルの T-S 図です。S はエントロピーを表しますが、その意味は、これから明らかにしていきます。

この T-S 図で、理想気体が等温膨張（$V_A → V_B$）して高熱源 T_1 から吸収する熱量 Q_1 は、104ページの(3-18)により

$$Q_1 = RT_1 \log \frac{V_B}{V_A} = T_1(R\log V_B - R\log V_A)$$

$$= T_1(S_2 - S_1) \quad \therefore S_2 - S_1 = \frac{Q_1}{T_1} \quad (3\text{-}52)$$

になります。ここで $R\log V_B = S_2$、$R\log V_A = S_1$ とおいています。天下り的

ですが S_2 は B 点のエントロピー、S_1 は A 点のエントロピーを表します。

次に、等温圧縮($V_C \rightarrow V_D$)により低熱源 T_2 に放出される熱量 Q_2 は、同じく 104 ページの (3-20) により

$$Q_2 = RT_2 \log \frac{V_C}{V_D} = T_2(R\log V_C - R\log V_D)$$
$$= T_2(S_2 - S_1) \quad \therefore S_2 - S_1 = \frac{Q_2}{T_2} \tag{3-53}$$

になります。このときの S_2 は C 点、S_1 は D 点のエントロピーに相当します。これらのことから、カルノー・サイクルの有効熱量 Q は、長方形 ABCD の囲む面積と等しく、(3-52)と(3-53)によって

$$Q = Q_1 - Q_2 = (T_1 - T_2)(S_2 - S_1) \tag{3-54}$$

また、(3-52)からわかるように、温度 T が一定(等温過程)のときのエントロピーの変化 ΔS は、Q を有効熱量として

$$\Delta S = \frac{Q}{T} \tag{3-55}$$

であたえられます。これを変形した $Q = T\Delta S$ の、T は示強変数、S は示量変数で、その積 Q は示量変数です。T が変わる場合や Q が微小量のときの一般論は後回しにして、差しあたって、「習うより慣れよ！」の金言に従い、以下の例題を解いて、エントロピーに慣れてください。なお、エントロピーで大事なのはひとつひとつのエントロピーの値ではなく、エントロピーの変化量であるということを、ぜひ頭の中へ入れておいてください。

例題1 0℃の氷 100g が融けて同温度の水になるときのエントロピーの変化を求めよ。ただし、氷の融解熱を 334 J/g とする。

解 氷と水が平衡を保ちながら、ゆっくりと融けるとき、温度は 0℃で一定です。有効熱量としての融解熱は、その変化が可逆的に行われている間の吸収熱量を表しています。温度 $T = 273$K ですから、(3-55)によって

$$\Delta S = \frac{Q}{T} = \frac{334 \times 100}{273} = 122.3 \text{ J/K}$$

すなわち、0℃の水 100g は 0℃の氷 100g より、122.3J/K だけエントロピーが大きい。これを 1g あたりにすると 1.223J/K になります。これを氷の融解エントロピーとよんでいます。図 3.17(a) は氷の結晶、(b) は水の構造の概形を示しています。(b) の分子は 10^{-11} 秒ぐらいの時間間

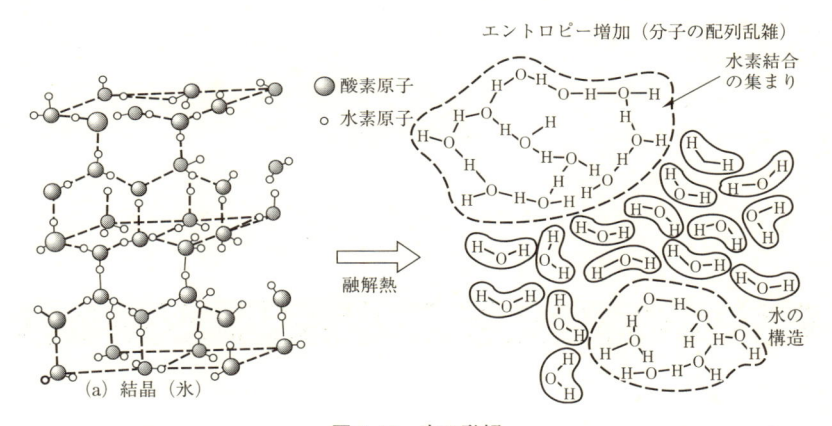

図 3-17　氷の融解

隔で手をつないだり、離したりして乱雑な配列になっています。融解エントロピーは、氷から水へ変化するときの分子配列の乱雑化の度合いを表わすものといえるでしょう。

例題 2　1 気圧のもとで 100℃の水 1 モルが気化して同温度の水蒸気になるとき、エントロピーの変化を計算せよ。ただし、100℃の水の気化熱を 2556J/g とする。

解　一定の外圧のもとで、水が水蒸気と平衡を保ちながら気化する場合も、系の温度は一定に保たれます。したがって、気化熱はその変化が可逆的に行われる場合の吸熱量になります。水の分子量は 18、ゆえに 1 モルは 18g です。気化熱として吸収された熱量を Q とおきますと

$$\varDelta S = \frac{Q}{T} = \frac{2556 \times 18}{273+100} = \frac{46008}{373} \approx 123 \text{ J/Kmol}$$

すなわち、100℃で 1 モルの水が蒸発すると 123 J/Kmol のエントロピーが増加します。

これを蒸発のエントロピーとよびます。

以上の例からわかるように、純粋物質の融解や凝固、あるいは気化や凝縮、そのほか結晶形の転移、昇華などの相変化はどれも一定温度で行われますから、潜熱(融解熱、気化熱、昇華熱など)さえ与えられていればエントロピーの変化は容易に求められます。しかし、一般の状態変化では、こうは簡単にいきません。これについて、順を追って勉強することにします。

横丁ゼミナール

陽子「その前に、ちょっと先生、質問があります」

先生「ハイハイ、何でも」

陽子「122 ページの式(3-53)の $S_2 - S_1$ は、その前の式(3-52)の $S_2 - S_1$ と等しいんですか?」

先生「ハイ、その通り」

陽子「つまり、図 3-16 の A 点のエントロピーと D 点のエントロピーが等しく、C 点のエントロピーと B 点のエントロピーが等しい。確かに、図はそうなっていますが、でも、例えば A 点と D 点では条件も違うのに、どうしてですか?」

クマさん「まったくの素人考えだけれど、式(3-52)や(3-53)を見る限り、気体の体積 V_B が V_C に等しく、V_C が V_D に等しいからじゃないのかい?」

陽子「それが違うのよ、クマさん。だってカルノー・サイクルの p-V 図(104 ページの図 3-7)を見てごらんなさい。V_A、V_B、V_C、V_D はそれぞれまったく違ってるじゃない」

クマさん「確かにそのようだね。ハテ、困った！」

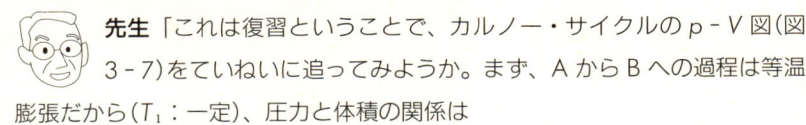

先生「これは復習ということで、カルノー・サイクルの p - V 図（図 3 - 7）をていねいに追ってみようか。まず、A から B への過程は等温膨張だから（T_1：一定）、圧力と体積の関係は

$$nRT_1 = p_A V_A = p_B V_B \qquad ①$$

同じように C から D へも等温膨張だから（T_2：一定）

$$nRT_2 = p_C V_C = p_D V_D \qquad ②$$

また、B から C、D から A という過程は断熱変化で（このときは上記のボイル・シャルルの法則が素直に成り立たず）、この過程での圧力と体積の関係はそれぞれ

$$p_B V_B^\gamma = p_C V_C^\gamma \qquad ③$$
$$p_D V_D^\gamma = p_A V_A^\gamma \qquad ④$$

となる（ポアソンの式）。このとき V の肩にかかる累乗 γ は比熱比、つまり定圧比熱と定積比熱の比である。断熱膨張のときに、なぜ式③と④が導かれるかは、すでに 99～101 ページで述べた。こうしてともかく、①、②、③、④の 4 つの式から

$$\frac{V_B}{V_A} = \frac{V_C}{V_D}$$

が導かれる（ここも 107 ページの復習だ）。したがって

$$\log \frac{V_B}{V_A} = \log \frac{V_C}{V_D} \quad \therefore \log V_B - \log V_A = \log V_C - \log V_D$$

となって、(3-52) と (3-53) の最後の式の左辺は共に等しい。もっとストレートに行くなら、断熱過程では熱の授受がないからエントロピーの増減がない。従って A 点と D 点（また B 点と C 点）のエントロピーは等しい」

洋平「うーん、ヤブヘビで面倒になったきらいはありますが、ともかく A 点と D 点でのエントロピー（S_1）は互いに等しく、また B 点と

C 点でのエントロピー（S_2）も等しいことはわかりました。つまり断熱過程ではエントロピーの増減はなし、ということですね。でも、p-V 図に対して、なぜ唐突に T-S 図なんですか？」

陽子「p-V 図では、積分すると"仕事"、つまり $\int p dV = W$ でしたよね。とすると、もしかして T-S 図でも、$\int T dS = W$ ということなのかしら？」

先生「スゴイ、スゴイ。図 3-16 の(a)に示した面積も仕事なら、同図 b の面積も仕事（ただし表現は熱）を表している。図 b で、Q_1 はこのサイクルがもらった熱、Q_2 は返した熱量で、差し引き Q_1-Q_2 の熱が、そのエネルギー量に等しい仕事に変わったことになる。この熱（有効熱量）がすべて無駄なく仕事に変換されるところが、可逆サイクルのポイントだった。可逆過程では、摩擦や熱伝導などによるロスが皆無とみなされるからね」

陽子「p も V も状態量でしたよね」

先生「そうだ。ただし p は示強変数で、V は示量変数であることは、先刻ご承知のはずだがね。体積は普通に足し算できるから示量変数。ところが、温度もそうだが圧力は足し算がきかない。2 気圧の気体＋3 気圧の気体＝5 気圧の気体とはいかないから、圧力は示量変数でなく、示強変数。さらに $p \times V$ というふうに、（示量変数）×（示強変数）は示量変数になる。したがって、もちろん仕事や熱は示量変数なのだ」

陽子「とすると、T-S 図の仕事が示量変数、温度 T が示強変数だから、S は示量変数ですか？」

先生「その通り。S はエントロピーの値を表すが、状態量で、かつ示量変数である。前にもちょっと触れたが、熱は状態量ではないが、これを T（絶対温度）で割った Q/T はエントロピーという状態量になる、というところがミソだ。だから熱は状態方程式の中で活躍できないが、エントロピーに変えれば（つまり絶対温度 T で割れば）、立派に状態方程式で扱える。もっといえば、エントロピー S と内部エネルギー U と絶対温度 T が、熱力学で使われる状態量の御三家なのだ。したがって T-S 図のほうが、より本質を表していることになる。エントロピーというものを導入して、これを S とおいたのはドイツのクラウジウスだが、今から 130 年以上前、わが国でいえば、天保 6 年のことだ。

最後にちょっとつけ加えると、T-S 図を考えたのはヨーロッパで熱力学の

学識を深めたアメリカの物理学者ギブスだという」

もっと詳しくエントロピー

前項では主として相転移(氷⇔水⇔蒸気)にともなうエントロピー変化を扱ってきました。そのため、温度はいつも一定で不変な値としていましたので、エントロピーが簡単に計算できました。

ここでは、温度も熱量も変化する一般の場合を考えることにします。

さて、微小仕事 $d'W$ は

$$d'W = -pdV, \quad dV = -\frac{d'W}{p} \qquad (3\text{-}56)$$

です。圧力 p は示強変数、体積変化 dV は示量変数です。詳しいことはさておいて、圧力も体積も仕事も中学校の理科で学んで以来、慣れ親しんでいる物理量です。そのため(3-56)はなっとくしやすい関係です。

それでは微小熱量 $d'Q$ に対しては、示強変数 T と、どんな示量変数との積を選ぶと(3-56)のようになるのでしょうか。

$$d'Q = T \times \boxed{?}, \quad \boxed{?} = \frac{d'Q}{T} \qquad (3\text{-}57)$$

このように考えたときの $\boxed{?}$ がエントロピーなのです。この示量変数を記号 dS で表して、エントロピー変化とよぶことにします。

$$d'Q = TdS, \quad dS = \frac{d'Q}{T} \qquad (3\text{-}58)$$

ところで熱力学の第1法則は(2-35)に見たように

$$dU = d'Q - pdV \qquad (3\text{-}59)$$

でした。これと(3-58)から

$$dU = TdS - pdV \qquad (3\text{-}60)$$

になって、すべて状態変数の微分形で表すことができます。

断熱変化では熱の出入りがゼロですから、(3-58)の分子が$d'Q=0$になって

$$dS = 0, \quad S = 一定 \qquad (3\text{-}61)$$

と表現することができます。これは図3-16(b)におけるカルノー・サイクルのT-S図の断熱経路AD、BCに相当する鉛直線になります。

たとえばビールのエントロピー

可逆サイクルが吸収する熱量をQ_1、放出する熱量をQ_2とすると、カルノー・サイクルの効率η_Cは

$$\eta_C = \frac{W}{Q_1} = \frac{Q_1 - Q_2}{Q_1} = 1 - \frac{Q_2}{Q_1} = 1 - \frac{T_2}{T_1} \qquad (3\text{-}62)$$

であるから、傍線部に注意して変形すると

$$\frac{Q_1}{T_1} = \frac{Q_2}{T_2} \qquad (3\text{-}63)$$

が成り立ちます。これをクラウジウスの関係式とよびます。

このクラウジウスの関係式を図3-16(b)のカルノー・サイクルのT-S図に適用して、状態Aから出発して、1サイクルを巡ると、エントロピーの変化ΔSは次に見るようにゼロになります。

$$\Delta S = \frac{Q_1}{T_1} - \frac{Q_2}{T_2} = 0 \qquad (3\text{-}64)$$

カルノー・サイクルは可逆変化ですから、たとえばA→B→C→D→Aと一巡りして、元の状態Aに戻っても、あるいは逆にA→D→C→B→Aというふうに一巡りして元に戻っても構いません。この両方の

場合に、エントロピーは確かに元の値に戻ります。このように、変化の経路に関係なく決まる量を、状態量とよぶことは前に述べました。したがって、エントロピーは内部エネルギーや体積などと同じ、状態量なのです。

ところが C 点から出発して CBA の経路をとるとき、放熱量は Q_1 です。同じく C から出発して CDA の経路をとると、放熱量は Q_2 ですから、Q_1 とは明らかに違います。

つまり、同じ C 点から出発しても終点での熱量は等しくなりませんから、何度も述べましたように、熱量 Q は状態量ではありません。

エントロピーは、クラウジウスが命名しています。熱帯のことをトロピカルといいますが、このトロピというのが、「熱」に関係することを示しています。

クラウジウスはドイツの理論物理学者で、バルト海に面したドイツ北東部のポルメルン州のケスリンに生まれました。

父親のつくった初級学校を経て、ベルリン大学、のちにハレ大学に学び、チューリッヒ、ウィルツブルク各大学の教壇に立ち、晩年はボン大学教授として生涯を送りました。

マイヤー、ジュール、ヘルムホルツの熱学の伝統を受け継ぎ、とくにカルノーの熱機関の理論をいっそう進め、熱保存の考え方を捨てて、はじめてエントロピーの概念を導入し、熱力学第 2 法則の確立という不滅の功績を残しました。彼の理論は難解を極めていて、人によっては、わざと核心の部分を隠しているのではないかと疑ったくらいでした。

図 3-18　クラウジウス

さて、カルノー・サイクルという可逆機関を調べてきましたが、自然の現象はすべて不可逆的です。じつは、孤立系で不可逆変化が起こると、必ずエントロピーが増加します。不可逆過程でのエントロピー増大を論証してみせたのも上述のクラウジウスでした。

ここで孤立系といういかめしい言葉を使いましたが、要するに、エネルギーが出入りしている系と、その外界とをひっくるめた全体を指している

にすぎません。その全体は孤立していて、もはやエネルギーの出入りはないものとします。

カルノー・サイクルは理想化された非現実的な系ですが、孤立系ではありません。例えば $T-S$ 図に描かれている、きれいな長方形は、理想気体を入れたピストンという系にのみ注目してでき上がったものです。ピストンには外部との間にエネルギーのやりとりがあり、仕事をしたり、されたりしています。したがって、カルノー・サイクルは孤立系ではないわけです。カルノー機関は可逆であり、1周してもエントロピー変化はゼロ、というのは、カルノー機関を含めた全体の孤立系の一部にのみ着目した結果なのです。全体では、もちろんエントロピーはいつも増大しています。

系だけに注目していれば、エントロピーが減少する例というのもたくさんあります。しかし、その場合でも、系の外のエントロピーは必ずそれ以上に増加してしまいます。したがって、系と外界とをひっくるめて考えると、結局は全体のエントロピーが増加したことになるのです。

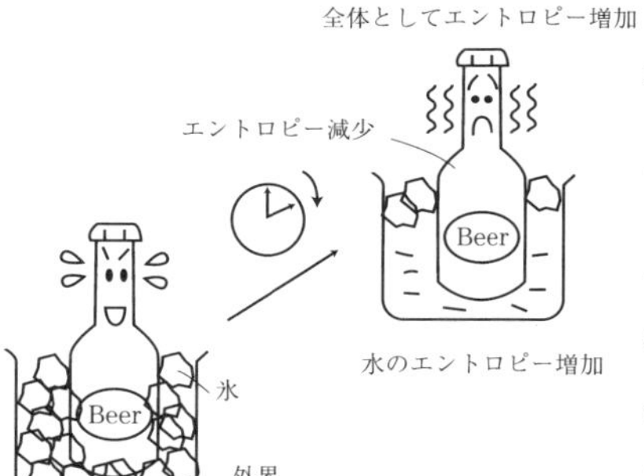

たとえば、ビールを冷やす場合を考えます。ビールがだんだん冷えると、そのエントロピーは次第に減少します。一方、周囲の氷が融けて、そのエントロピーは増大します。この場合、熱伝導は不可逆的に起こるのが普通ですから、ビールのエントロピー減少量以上に、氷のエントロピーが増加します。この話のビールが系で、氷が外界です。

図3-19 ビールのエントロピー

それでは、次の問題で、孤立系全体のエントロピーを理解してください。

例題3 断熱装置内で、90℃の熱水 100g と、15℃の冷水 20g とを混合した場合のエントロピー変化を求めよ(増加はプラス、減少はマイナスとなる)。ただし、水の比熱は 4.186J/gK で一定とする。

解 熱水と冷水とを混合したあとの最終温度が不明であるから、この温度を t として熱収支をとってみると、

$$100 \times (4.186)(90-t) = 20 \times (4.186)(t-15)$$

これから $t=77.5℃$ が得られる。

t を絶対温度にすると

$$T = 77.5 + 273.1 = 350.6 \text{K}$$

熱水と冷水の絶対温度 T_1、T_2 は

$$T_1 = 90 + 273.1 = 363.1 \text{K}$$
$$T_2 = 15 + 273.1 = 288.1 \text{K}$$

それぞれのエントロピーの微小変化は(3-58)より

$$dS = \frac{d'Q}{T} = \frac{c\,dT}{T} \tag{3-65}$$

となります。ここで、c は比熱(4.186 J/gK)です。なぜなら、熱量変化 $d'Q$ は(温度変化)×(比熱)だからです。熱水について、そのエントロピー変化 $\varDelta S_h$ は(3-65)の両辺を積分して

$$\varDelta S_h = 100 \times 4.186 \int_{T_1}^{T} \frac{dT}{T} = 418.6 \log \frac{350.6}{363.1}$$
$$= -14.66 \text{ J/K}$$

冷水について、そのエントロピー変化 $\varDelta S_c$ は

$$\varDelta S_C = 20 \times 4.186 \int_{T_2}^{T} \frac{dT}{T} = 20 \times 4.186 \log \frac{350.6}{288.1}$$
$$= 16.44 \text{J/K}$$

よって、全体のエントロピー変化 $\varDelta S$ は

$$\Delta S = \Delta S_h + \Delta S_c = -14.60 + 16.44 = 1.777 \mathrm{J/K}$$

となる。混合したことによって、エントロピーが増えたことがわかります。

例題 4 完全に熱絶縁された装置(孤立系)内で、0℃の氷 10g と 40℃の水 50g を混合して平衡に達したときのエントロピー変化を求めよ。ただし、1g の氷を融かすのに必要な熱(融解熱)は 333.6 J/g、水の比熱は 4.186J/g とする。

解 平衡に達したときの温度を t ℃とし、熱収支をとる。

$$(10 \times 333.6) + 10 \times 4.186 \times (t-0) = 50 \times (4.186) \times (40-t)$$
$$251.1t = 5036, \quad \therefore t = 20.06℃$$

(1) 氷の融解によるエントロピー変化は

$$\Delta S_1 = \frac{10 \times 333.6}{273} = 12.22 \mathrm{J/K}$$

(2) 氷が融けてできた分の水のエントロピー変化は、例題 3 と同様に

$$\Delta S_2 = 10 \times 4.186 \log \frac{273 + 20.06}{273}$$
$$= 2.968 \mathrm{J/K}$$

(3) 水 50g が 40℃から 20.06℃まで温度が下がったときのエントロピー変化は

$$\Delta S_3 = 50 \times 4.186 \log \frac{273 + 20.06}{273 + 40}$$
$$= -13.78 \mathrm{J/K}$$

ゆえに全体のエントロピー変化 ΔS は

$$\Delta S = \Delta S_1 + \Delta S_2 + \Delta S_3 = 12.22 + 2.968 - 13.78$$
$$= 1.41 \text{J/K}$$

比熱は温度の狭い範囲では定数とみなせることが多いのですが、一般には温度 T の関数です。

化学熱力学では最低、T の 1 次まで、できれば 2 次まで実測して決定するのが一般的です。次の例題で、この場合のエントロピーの計算を練習してみましょう。

例題 5 アンモニアガスの定圧モル比熱は次式であたえられる。ただし、適用温度範囲は 291K から 1000K である。

$$C_p = 25.91 + 3.301 \times 10^{-2} T - 3.047 \times 10^{-6} T^2 \quad \text{J/molK}$$

1 モルのアンモニアガスを定圧で 25℃ から 125℃ まで熱したときのエントロピーの増加を求めよ。

解 $T_1 = 25 + 273 = 298$K、 $T_2 = 125 + 273 = 398$K であるから

$$\Delta S_p = \int_{T_1}^{T_2} \frac{C_p \mathrm{d}T}{T} = \int_{298}^{398} \left(\frac{25.91}{T} + 3.301 \times 10^{-2} - 3.047 \times 10^{-6} T \right) \mathrm{d}T$$
$$= 25.91 \log \frac{398}{298} + 3.301 \times 10^{-2}(398 - 298) - \frac{3.047 \times 10^{-6}}{2}(398^2 - 298^2)$$
$$= 10.69 \text{J/molK}$$

3.5 ジュール・トムソン効果

グラスゴー生まれのエンタルピー

熱学の創始者の一人として W．トムソン（のちのケルビン卿*）ほど、恵まれた能力をもち、しかもその能力をいかんなく発揮できた人物は少ないでしょう。ケンブリッジ大学に学び、帰国してグラスゴー大学の教授に就任したのは、弱冠 22 歳のときでした。

さて、第 2 章の p.87 のジュールの実験では、真空中に空気を膨張させても温度変化はゼロ、つまり理想気体の内部エネルギー U は温度のみの関数であり、体積とは関係がないとしてきました。しかし、実をいうとこれは容器の熱容量や周囲の水の熱容量が大きすぎるため、微小な空気の温度変化を検出できなかっただけです。

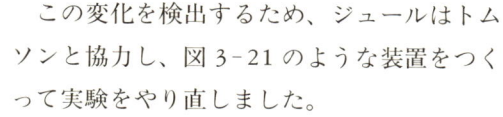

図 3-20　ケルビン卿

この変化を検出するため、ジュールはトムソンと協力し、図 3-21 のような装置をつくって実験をやり直しました。

それは、断熱的な壁をもつシリンダーの中に、気体を通す多孔質の物質でつくった栓 C を固定し、その両側に断熱材でつくったピストンが取り付けられたものです。

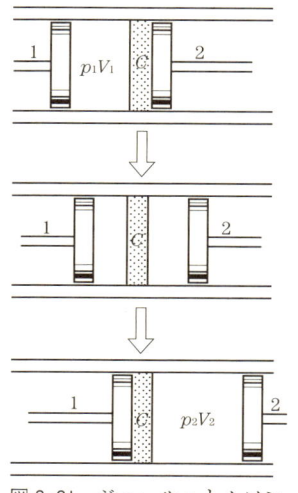

図 3-21　ジュール・トムソンの実験

実験は、次のように行います。まず、右側のピストン 2 を栓 C に接触させておきます。このとき、左側の体積 V_1 のシリンダーの中に、圧力 p_1 の気体を詰めておきます。すると空気が多孔質の栓 C をじわじわと通り抜

---

*ケルビンは、グラスゴー大学構内の小川の名前です。

けて右側のシリンダーに移り、その圧力でピストン2が右側にゆっくりと動きます。多孔質の栓を用いたのは、この「じわじわ」を実現するためです。このとき、左側の圧力 p_1 を常に一定に保ち、また右側に移った気体の圧力を、圧力 p_1 よりも低い一定の圧力 p_2 に保っておきます。

最終的に、ピストン1が栓Cに接触し、気体が全部右側に移ったときの気体の体積を V_2 とします。

この過程でピストン1が気体にした仕事は p_1V_1 に等しく、右側に移った気体がピストン2にあたえた仕事は p_2V_2 になります(p-V図でも見たように、$W=pV$ です)。

したがって、この過程で気体が外にした正味の仕事 W は

$$W = p_2V_2 - p_1V_1 \tag{3-66}$$

となります。

シリンダーとピストンは外部から断熱されていますから、この過程は断熱過程であり、熱の出入りはないので $d'Q=0$ になります。しかし、この過程は準静的過程ではありません。なぜなら、この過程で左右の気体には一定の圧力差 $(p_1-p_2)>0$ があり、左右の気体は熱平衡になっていないからです。

さて、はじめの状態の内部エネルギーを U_1、右側に気体が全部移ったあとの気体の内部エネルギーを U_2 としましょう。熱力学の第1法則は

$$d'Q = dU + pdV \tag{3-67}$$

であり、上の過程では熱の出入りがないので、

$$d'Q = 0 = (U_2 - U_1) + p_2V_2 - p_1V_1 \tag{3-68}$$

になります。したがって

$$U_1 + p_1V_1 = U_2 + p_2V_2 \tag{3-69}$$

ここで、エンタルピー

$$H = U + pV \tag{3-70}$$

を定義すると、ジュール・トムソンの実験は、エンタルピー H の保存する(エンタルピーが一定の)過程を示すということになります。エンタルピーとは、内部エネルギーに(膨張による)仕事を加えた量、と覚えておくとよいでしょう。

なぜか温度が下がらない！

この実験の結果は以下のとおりでした。
(1) 気体が希薄なときは、実験の前後で温度は変わらず、$T_1 = T_2$ である。
(2) 気体の密度が大きくなると、実験の前後で温度が変化する。
その温度差は左右の圧力差 $p_1 - p_2$ に比例して

$$(T_1 - T_2) \propto (p_1 - p_2) \tag{3-71}$$

となります。このような現象をジュール・トムソン効果といいます。

(3-71)によると、気体が低圧の部分に流出すると、温度が下がることがわかります。

(3-60)によれば、$dU = TdS - pdV$ でした。したがって、(3-70)のエンタルピー H の微小変化 dH は

$$\begin{aligned} dH &= dU + d(pV) = dU + pdV + Vdp \quad (積の微分) \\ &= TdS - pdV + pdV + Vdp \\ &= TdS + Vdp \end{aligned} \tag{3-72}$$

このように、エンタルピー H の独立変数はエントロピー S と圧力 p です。圧力一定の条件のときは $dp = 0$ ですから、

$$dH = TdS = 熱量 \tag{3-73}$$

となって、定圧比熱は

$$C_p = \left(\frac{\partial H}{\partial T} \right)_p \tag{3-74}$$

これは p を一定にしたときの dH/dT を意味します。通常の実験は1気圧のもとで行われますので、実測値としては C_p が得られます。その結果、導き出されるのがエンタルピー H ということになるのです。

なお、定積比熱は $dV=0$ により

$$dU = TdS = 熱量 \tag{3-75}$$

となって

$$C_v = \left(\frac{\partial U}{\partial T}\right)_v \tag{3-76}$$

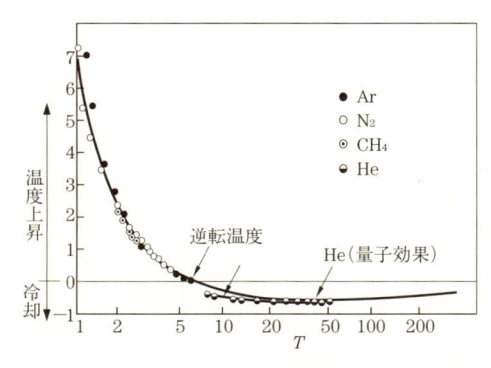

エンタルピー H の独立変数は S と p、内部エネルギー U の独立変数は S と V です。通常の実験では圧力一定ですから H を求めるのが普通ですが、工業熱力学の蒸気機関では、記号 H の代わりに記号 i が使われます。

ジュール・トムソンの実験のように、エンタルピーが一定の膨張を絞り膨張とよびます。絞り膨張の特徴は、逆転温度が存在することです。この温度は圧力によって多少変わりますが、空気に対して487℃、H_2 に対しては−72℃です。この温度以下の温度では、絞り膨張をさせると冷却効果が現れますが、これ以上の温度では、絞り膨張をさせるとかえって温度が上昇します。H_2 のような場合は、常温付近の温度でも、絞り膨張によって加熱効果が現れます。

図 3-22 絞り膨張の逆転温度

この章を3分で

- **可逆変化** 状態Aから状態Bへ変化した系を再びBからAへと、外界にまったく影響なしに戻すことができる変化
- **不可逆変化** 可逆変化ではない変化
- **準静的過程** 状態が常に平衡状態に十分近い状態を保ちつつ行われる変化
- **等温変化** 温度が一定の変化

$$Q = RT\log(V_A/V_B)$$

等温膨張では熱を吸収、等温度圧縮では熱を放出
- **断熱変化** 外界の間に熱Qのやりとりがない変化

$$pV^\gamma = 一定$$

断熱膨張→温度下降、断熱圧縮→温度上昇
- **カルノー・サイクル** 断熱変化と等温変化を組合わせたサイクル
- **効率** 高熱源から吸収した熱Qに対しする仕事Wの比をいう。低熱源に放出する熱量をQ'とすると、効率η

$$\eta = W/Q = 1 - Q'/Q$$

- **熱力学第2法則**
  トムソンの原理 1つの熱源から熱を取って、それを全部仕事にできない
  クラウジウスの原理 外部に変化を残すことなく、低温から高温へ熱を移動することはできない
- **カルノーの定理** 任意の可逆(r)サイクルと不可逆(iir)サイクルの効率について、

$$\eta_c = \eta_r, \eta > \eta_{iir},$$

- **熱力学的温度** 可逆機関の1サイクルにおいて、高熱源と低熱源

がやりとりする熱量の比から温度を定義する

◉ **エントロピー** 温度 T の準静的変化において、熱量 Q が移動したとき、そのエントロピー変化は

$$\Delta S = \Delta Q / T$$

となる。エントロピーは状態量であり、系の乱雑さの尺度である

◉ **エンタルピー** 内部エネルギーに(膨張、圧縮による)仕事を加えた量

$$H = U + pV$$

◉ **ジュール・トムソン効果** 準静的に気体を圧力の高いところから低いところに流すと、理想気体では温度変化なしだが、実在気体だと圧力差に比例する温度変化がある

第4章
熱力学は未来を向いている

4.1 エントロピー増大の法則

ゴミ問題

　クラウジウスが 1865 年に確立した「エントロピー増大」の法則は、今ではあまりにも有名です。遅ればせながらわが国でも都市のゴミ問題解決が焦眉(しょうび)の急となっていますが、「それ見ろ、増え続ける日本のゴミこそエントロピー増大を示しているではないか」との言い方も、それはそれで正しいものといえましょう。クラウジウスは、いったいどんな考え方で、この有名な法則を確立したのでしょうか。

　本筋に入る前に、熱力学でいう効率、すなわち「熱効率」について、ちょっと復習しましょう。

　いま、熱機関があって、それが外部から得た熱量を Q、それが外部にした仕事を W としますと、この機関の効率(仕入れた熱量 Q に対して、仕事がいくら取り出せたか)はギリシャ文字イータ(η)を使って、

$$\eta = W/Q \qquad (4\text{-}1)$$

と表されます。このことはすでに述べた通りです。

　ここで図 4-1 を見てください。図中央に書かれた C は熱機関を示し(C はサイクルの C)、この機関は 1 サイクルする間に高熱源 T_1 から熱量 Q_1

をもらい、その熱のうちのいくばくかを仕事に変換して、余った(というか、使い切れなかった)熱量 Q_2 を、低熱源 T_2 に放出します。この1サイクルで機関がする仕事 W は

$$W = Q_1 - Q_2 \qquad (4\text{-}2)$$

で表されますから、熱効率は

$$\eta = \frac{Q_1 - Q_2}{Q_1} = 1 - \frac{Q_2}{Q_1} \qquad (4\text{-}3)$$

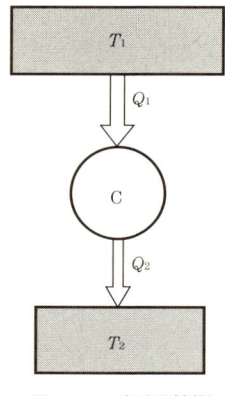

図4-1 不可逆機関

となります。この熱効率の式は、可逆機関であれ不可逆機関であれ、変わりなく成り立ちます。

では、この式で、可逆と不可逆の違いはどこに現れるのでしょうか。その違いは、放熱 Q_2 の内容に現れます。普通に見る不可逆機関では、摩擦や熱伝導によるエネルギー・ロスは馬鹿になりませんが、これらはすべて放熱 Q_2 に含まれます。エンジンから放出されるもろもろの熱が Q_2 なのです。

他方、理想的な可逆機関では、ピストンが圧縮(詳しくは等温圧縮)されるときに放出される熱量が、Q_2 のすべてになります。つまり、外部からされた力学的仕事を放熱 Q_2 として外部(この場合は低熱源)に戻すのみです。

それにしても、$Q_1 - Q_2$ という取り込まれた熱が、すべてそっくり仕事に転換されると考えてよいのでしょうか。実は、それでよいのです。熱機関では熱は仕事にのみ、仕事は熱にのみ転換されると考えて、どこにもほころびは出ないのです。たとえば、その熱機関が発電機であって、結果的に熱が電流に変わったとしても、つじつまは合います。つまり熱力学ではエネルギーの移動形態を、「熱」と「仕事」の2つのみとしているのです。

クラウジウスの不等式

　というようなわけで、図4-1による熱効率の式は、可逆機関でも不可逆機関でも同じように成り立ちますが、前にも見ましたように、可逆機関の効率は2つの熱源の温度だけで決まります。すなわち可逆機関、たとえばカルノー・サイクルの効率 η_C は

$$\eta_C = \frac{W}{Q_1} = \frac{Q_1 - Q_2}{Q_1} = 1 - \frac{Q_2}{Q_1}$$

$$= \frac{T_1 - T_2}{T_1} = 1 - \frac{T_2}{T_1} \tag{4-4}$$

　3章108ページで学んだように、可逆機関では効率が温度を用いて表されることに注意してください(効率の式をもとにして、逆に温度を定義したのが、熱力学的温度です)。そして、どんな熱機関の効率もカルノー・サイクルのそれを超えることはないわけですから、

$$\eta \leqq \eta_C \tag{4-5}$$

これに上述の η と η_C を代入して

$$\frac{Q_2}{Q_1} \geqq \frac{T_2}{T_1} \tag{4-6}$$

むろん、等号は可逆サイクル、不等号は不可逆サイクルの場合です。
　ところで、(4-6) の Q_1、Q_2 は暗黙のうちに正の値、すなわち絶対値 $|Q_1|$、$|Q_2|$ として扱ってきました。しかし、ここで、この系(サイクル)が吸収する熱を正の数で、また放出する熱を負の数で表す(つまり、熱のやりとりを判然と、「やり」と「とり」に分けて表す)ことにすると、Q_2 は放熱ですから負の数でなくてはなりません。この負の数を Q_2' とおきますと、当然

$$Q_2' = -Q_2 < 0 \quad \therefore Q_2 = -Q_2' > 0$$

これを(4-6)に代入しますと

$$\frac{-Q_2'}{Q_1} \geqq \frac{T_2}{T_1}$$

この $Q_2'(<0)$ をあらためて Q_2 とおくことにしますと

$$\frac{-Q_2}{Q_1} \geq \frac{T_2}{T_1}$$

両辺に Q_1/T_2 (これは分母・分子ともに正) を掛けて変形すると、

$$\frac{Q_1}{T_1} + \frac{Q_2}{T_2} \leq 0 \tag{4-7}$$

左辺の第 1 項は正ですが、第 2 項は負の数ですから、このような不等式が成り立ちうるわけです。

式(4-7)は高・低熱源が 1 セット存在するときに成立する式です。(4-6)と同様に、等号は可逆サイクル、不等号は不可逆サイクルに相当します。

不可逆現象の典型的な例は、熱伝導、ピストンとシリンダーによる摩擦熱の発生などです。このとき、Q_2 の絶対値が可逆サイクルでの値よりも大きく、熱放出が大きくなるため、式(4-7)の左辺がマイナスになる(不等号が成立する)わけです。

いってみれば(4-7)は、1 つの系(サイクル)が 2 つの熱源と熱をやりとりする場合の式です。いま、(4-7)を一般化して、系が N 個の熱源と熱をやりとりする場合を考えますと、

$$\frac{Q_1}{T_1} + \frac{Q_2}{T_2} + \cdots + \frac{Q_N}{T_N} \leq 0 \tag{4-8}$$

が成り立ちます。前と同じく、等号は可逆サイクルだけの場合で、不可逆過程が一部にでも含まれますと、不等号が成立します。そしてこの式を、クラウジウスの不等式とよぶのです。

判決を聞く前の準備

(4-8)の意味を具体的に見てみましょう。これはサイクルですから始状態があって、そこから出発し、温度 T_1 の熱源と熱量 Q_1 をやりとりし、次いで T_2 の熱源と Q_2 をやりとりし、……最後に熱源 T_N と熱 Q_N をやりとりして、再び元の始状態に戻るわけです。もちろんその過程で仕事をします。グラフとしては、p-V 用を考えても、T-S 用を想定してもかまいま

せん。

　実際には、この過程（次々と変化する熱源との熱のやりとり）は連続的変化ですから、$N \to \infty$ とすると、和は積分になります。すなわち

$$\int_c \frac{dQ}{T} \leqq 0 \tag{4-9}$$

なお、積分記号の添え字 C は、サイクルを1周する積分であることを示します。積分というと、高校では x 軸という直線に沿っての積分しか習いませんが、上の積分はその軸を平面上の曲線に置き換え、その曲線上の点で示される状態(関数)について積分する、つまり和を集めることに相当します。

　このクラウジウスの不等式を使って、エントロピー増大の法則を導いてみましょう。そのために、図4-2のようなサイクルを考えます。サイク

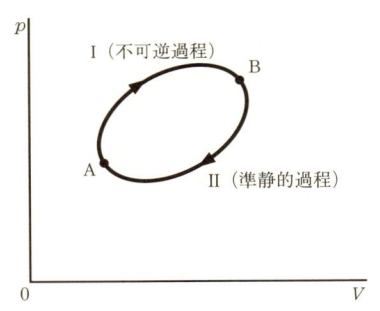

図4-2　クラウジウスの不等式

ルはAを始状態として、不可逆過程Iを経由して状態Bまで変化し(準静的過程でないので、本当は p-V 図上に書けないのですが、仮想的に書けたものとしてください)、次いでBから可逆過程(準静的過程)IIを経てAに戻っています。このサイクルにクラウジウスの不等式をあてはめますと

$$\int_c \frac{dQ}{T} < 0 \tag{4-10}$$

さらに、このサイクルを2分割して、A→I→B と B→II→A とに分けて考えますと

$$\int_c \frac{dQ}{T} = \int_{AIB} \frac{dQ}{T} + \int_{BIIA} \frac{dQ}{T} < 0 \tag{4-11}$$

ここで右辺第 2 項(可逆過程)の積分が、状態 B と状態 A とのエントロピーの差、$S(\mathrm{B})-S(\mathrm{A})$ として表せることは次のようにしてわかります。

いま仮に、過程 II ばかりでなく I も準静的、すなわち可逆であるとしましょう。するとクラウジウスの不等式は、系が A → I → B → II → A と経由するとき、(全部可逆ですから)等号が成立し

$$\int_C \frac{dQ}{T} = 0 \tag{4-12}$$

このサイクルを 2 つに分けると

$$\int_C \frac{dQ}{T} = \int_{A\,\mathrm{I}\,B} \frac{dQ}{T} + \int_{B\,\mathrm{II}\,A} \frac{dQ}{T} = 0 \tag{4-13}$$

過程 II は(いまは I もそうですが)可逆ですから逆にたどることができて(積分は逆にたどるとマイナスの符号がつきますので)、

$$\int_{B\,\mathrm{II}\,A} \frac{dQ}{T} = -\int_{A\,\mathrm{II}\,B} \frac{dQ}{T} \tag{4-14}$$

となります。したがって式 (4-13) は

$$\int_{A\,\mathrm{I}\,B} \frac{dQ}{T} - \int_{A\,\mathrm{II}\,B} \frac{dQ}{T} = 0 \tag{4-15}$$

よって

$$\int_{A\,\mathrm{I}\,B} \frac{dQ}{T} = \int_{A\,\mathrm{II}\,B} \frac{dQ}{T} \tag{4-16}$$

つまり状態 A と B の間には、途中の道筋によらない(道筋を変えても不変な)量が存在することになります。上式に見るような、熱量変化 dQ を温度 T で割ったものを積分して得られる状態量のことを、エントロピーとよぶことは前の章で学びました。そこで、A 点でのそれを $S(\mathrm{A})$、B 点での値を $S(\mathrm{B})$ と書きますと、過程 A → B について

$$\int_{A \to B} \frac{dQ}{T} = S(\mathrm{B}) - S(\mathrm{A}) \tag{4-17}$$

と書くことができます。

したがって、元に戻って (4-11) は

$$\int_{AIB} \frac{dQ}{T} + \int_{BIIA} \frac{dQ}{T} = \int_{AIB} \frac{dQ}{T} - \int_{AIIB} \frac{dQ}{T}$$

$$= \int_{AIB} \frac{dQ}{T} - (S(B) - S(A)) < 0 \qquad (4\text{-}18)$$

さて、A→I→B はもともとは不可逆過程としましたから、左辺第1項の値は積分の道筋のとり方で違ってきます。ですから、それを積分の両端の状態量で表すことはできません。正しくは、第1項の dQ は $d'Q$ とすべきことを注意しておきましょう。

結局、

$$\int_{AIB} \frac{d'Q}{T} < S(B) - S(A) \qquad (4\text{-}19)$$

となります。(4-19)の意味は、不可逆過程によって状態 A から状態 B に移るとき、(4-19)の左辺の積分値は、任意の可逆過程によって状態 A から状態 B に移ったときのエントロピーの差よりも小さい、ということになります。

これで準備はオーケーです。

宇宙は死ぬか

いま、不可逆過程 I として断熱過程 $d'Q=0$ を取り上げましょう。断熱過程であるということは、そのとき系は、周囲から完全に孤立している「孤立系」であるということです。つまり、(4-19)の左辺の積分値は0になって(ゼロの積分はゼロですね)

$$S(B) > S(A) \qquad (4\text{-}20)$$

の関係が得られます。つまり、はじめ熱平衡状態 A にあった系が、断熱不可逆過程を通って熱平衡状態 B に達したとき、状態 B のエントロピーの値は、はじめの状態 A のエントロピーよりも必ず大きくなっています。これをエントロピー増大の法則といいます。

たとえば、シリンダーの中の気体に渦が発生して、それから熱が発生する場合や、シリンダーとピストンが接触して摩擦熱が発生する場合など

は、シリンダーの壁を通して放熱されるよりももっとすばやく熱変化が起きますから、ほとんど断熱過程といえます。このような外界から断絶されている不可逆過程では、エントロピーは自発的に増大するので。

　さて、系を拡大して、宇宙全体を1つの系として考えてみましょう。宇宙全体は1つの閉じた系、つまり断熱されていると考えれられますので、上の法則を適用すると

　　　　　　　宇宙全体のエントロピーは常に増大し続ける

ことになります。ですから、宇宙のエネルギーを一定としますと、いつか宇宙は最大のエントロピーの状態、つまり究極の平衡状態に到達し、終焉を迎えることになります。これがいわゆる宇宙の「熱的死」といわれるものです。温度差もなく、エネルギー差もないのですから、究極の静止状態になります。なんとも恐ろしいことではありませんか。

　ただ、理論的にはこういえないこともないのですが、熱力学という体系をそのまま宇宙に適用してよいのかどうかは、学者によって意見が分かれるところです。

宇宙は死ぬか？

4.2 熱力学第3法則

寒さの限界

　物質の温度をどんどん下げていくと、超伝導など、思いもしない現象が現れます。そのため今世紀に入ってから、低温を実現するための技術が急速に発達しました。今では、77K（−197℃）の液体窒素が普通の工業物質になっているほどです。

　低温をつくるのに、よく液体ヘリウムが使われます。液体ヘリウムは液体窒素を用いてヘリウムを冷却した後、それをさらに圧縮・冷却し、膨張（さらに温度を低下）させて、作ります。液体ヘリウムの沸点は4K（−269℃）です。さらに1Kより少し下の温度を得るには、圧力を下げて液体ヘリウムを沸騰させ、その気体ヘリウムを取り除いていきます。もっと低い温度を得るには、常磁性をもつ化学物質を強い磁界で磁化した後、急激に磁界を取り去って(断熱的に)残留磁化を消す断熱消磁という方法を用いますが、このとき放出される熱エネルギーを取り除くのに液体ヘリウムが使われます。このようにして、最終的に 10^{-5}K という極低温が実現します。

　このような低温の研究で、温度が絶対零度(0K)に近づくにつれて、温度をそれ以上下げる方法がまったく「なくなってしまう」ということが起こってきます。実際、理論的にいっても、温度の絶対零度には到達できません。

　ここで、(4-17)、(4-19)

$$\int_A^B \frac{d'Q}{T} \leq S(B) - S(A)$$

をあらためて取り上げてみましょう。

　この式は、ある孤立系が状態Aから状態Bまで変化するとき、可逆過程では $S(B) - S(A)$ というエントロピー変化が左辺の積分と等しかったのに対して、不可逆過程を含んで変化すると、等号が成り立たなくなることを示しています。ここで問題になるのは、AやBでの個々のエントロ

ピーの値ではなく、その差です。これは内部エネルギーの場合も同様でした。したがって A を基準に考えると、この A はどうとってもかまわないのですが、ネルンストとプランクによって、絶対零度のエントロピーをゼロとすることが提案されました(1906年)。厳密にいうと、ネルンスト・プランクの定理とは、「純粋な(単一成分の)物質のエントロピーは、物質の種類や状態のいかんを問わず、絶対零度に近づくにつれてある一定値に近づく」というものです。この一定値をゼロとみなそう、というわけです。そして、ネルンスト・プランクの定理は、熱力学の第3法則とよばれるようになりました。式に書きますと

$$\lim_{T \to 0} S = 0 \tag{4-21}$$

で、T は絶対温度、S は純粋物質のエントロピーです。

4.3　ギブス、ヘルムホルツの活躍

内部エネルギーだけではなぜダメか

　内部エネルギーというのは、トムソンとクラウジウスが言い出した用語だそうです。閉じた系(外部と物質のやりとりのない系のこと。ここでは孤立系と違って、エネルギーのやりとりはあるとする)の内部エネルギーを U とすると、その微小変化は熱力学の第1法則より

$$dU = d'Q + d'W \tag{4-22}$$

となります。Q と W は、外部からあたえられる熱量と仕事でした。さらに前に学びましたように、準静的過程では、$d'Q = TdS$、$d'W = -pdV$ ですから

$$dU = TdS - pdV \tag{4-23}$$

右辺には温度、エントロピー、圧力、体積という4つの状態量が関係しています。ただ、内部エネルギーの変化に対応する変数(独立変数)はエントロピー S と体積 V です。この式をもう少し調べてみましょう。

その前に、ここで全微分というものを見ておくことが必要です。

いま、半径 x、高さ y の円柱の体積を z としますと

$$z = \pi x^2 y \tag{4-24}$$

です。半径がわずかに増加し、高さも同じように微小増加したとき、体積の増加 dz は

$$dz = 2\pi xy\, dx + \pi x^2\, dy \tag{4-25}$$

になるというのが数学の教えるところです。右辺の第1項は(4-24)の y を変数でなく定数と見たてて、x で微分したもの(これを偏微分といいます)に dx がかかっています。式で書くと

$$\left(\frac{\partial z}{\partial x}\right)_y dx \tag{4-26}$$

右下の添え字は、y を一定にした、という意味です。さらに右辺第2項は同じように y で偏微分したものに dy がかかっていますから $(\partial z/\partial y)_x dy$ となり、結局(4-25)は

$$dz = \left(\frac{\partial z}{\partial x}\right)_y dx + \left(\frac{\partial z}{\partial y}\right)_x dy \tag{4-27}$$

というふうに変形することができます。そして、この(4-27)を変数 z の「全微分」とよぶのです。

さて、上の円柱の体積の式に施したと同じことを、内部エネルギーについて行うとどうなるでしょうか?

内部エネルギー U (4-23)の全微分は、(4-27)を参考にすると

$$dU = \left(\frac{\partial U}{\partial S}\right)_V dS + \left(\frac{\partial U}{\partial V}\right)_S dV \tag{4-28}$$

となりますが、この式と(4-23)を比べると

$$T=\left(\frac{\partial U}{\partial S}\right)_V, \quad p=-\left(\frac{\partial U}{\partial V}\right)_S \qquad (4\text{-}29)$$

であることがわかります。つまり系の条件として、圧力 p と温度 T を一定にして、エントロピー S と体積 V を独立変数にとったとすると、圧力 p と温度 T は、内部エネルギー U をそれぞれ S と V で偏微分したものなのです。

いい換えれば、内部エネルギーがわかれば、p と T がわかるということです。ここでは、p と T が普通に測定できる量ですので、ありがたみがわかりませんが、のちのちエントロピー S を求めるための関数も導入します。

また、こうして得られた $T=(\partial U/\partial S)_V$ と、$p=-(\partial U/\partial V)_S$ は、これからご紹介する熱力学のもろもろの関数を統一して導入するのにきわめて大事な役割を演じます。なお、熱力学関数というのは、内部エネルギー $U(S, V)$ のほかエンタルピー、ヘルムホルツの自由エネルギー、ギブスの自由エネルギーなどを指します。これらはいずれも、2つの独立変数で表される関数で、物質の熱力学的特性を見通しよくしてくれます。

エントロピーは測れない

熱力学では、エントロピーは V、p、T などの変数に劣らず、いえ、むしろもっと大切な独立変数です。しかし、他の量のように直接観測にかからないため、わかりにくい量であることは疑う余地がありません。また(4-29)の $\partial U/\partial S$ のように、エントロピー S で内部エネルギーを微分するなどといわれても、あまりピンときません。さらに、断熱変化のほかは、エントロピーを一定にする手段はありません。

そこで、図4-4を見てください。

エントロピーメーター、どこにも売ってないんだ

そりゃそうでしょ

図4-3 エントロピー・メーター

何やら複雑そうなこの図は、平面上にエントロピー S を横軸に、体積 V を縦軸にとって、S と V の各値に応じて、内部エネルギー $U = U(S, V)$ を高さで表した曲面です。

繰り返しますが、エントロピー S と体積 V の2つの独立変数をいろいろに変えて、それに応じた内部エネルギーを描いた曲面です。

いま、座標 S、V の内部エネルギーを $U(S, V)$ とします。

A点において接平面ADCBを描くと、ADの傾きは(4-29)の第2式 $p = -(\partial U/\partial V)_S$ ですから、点Dの値はエンタルピー H になります。なぜならADの向きはマイナスですから、

$$H = U + pV \tag{4-30}$$

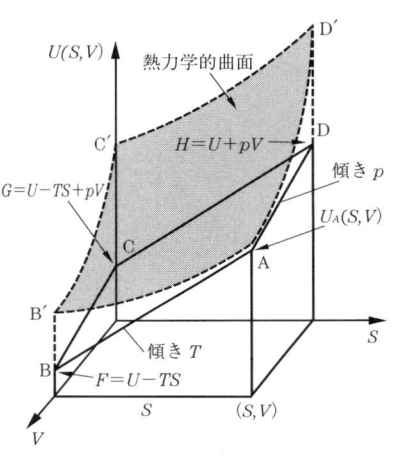

図4-4 熱力学関数

になることは明らかでしょう。このエンタルピー H は、すでにp.134のジュール・トムソン効果のところで習いました。エンタルピーも熱力学的関数の一つです。

さて、これから新顔のヘルムホルツの自由エネルギー F と、ギブスの自由エネルギー G を導くことにしましょう。

点Aにおいて、接平面の傾き $(\partial U/\partial S)_V$ が温度 T であることは、(4-29)からすぐわかります。この接線が S の減少する向きで、B′からおろした垂線と交わる点をBとします。この点Bの高さは $U - TS$ になります。この

$$F = U - TS \tag{4-31}$$

をヘルムホルツの自由エネルギーといいます。

次に点Bから接平面のふちを通り、高さの軸 $U(S, V)$ と交わった点を

Gとします。このときBGはADと平行であることはいうまでもありません。なぜなら、同じ接平面の平行線だからです。

この点の高さ G は

$$G = F + pV$$
$$= H - TS \qquad (4\text{-}32)$$

です。この G をギブスの自由エネルギーとよびます。内部エネルギーはA点だけではありませんから、任意の点 S、V を選んで、その点の高さ $U(S,V)$ から出発すれば、まったく同じように、熱力学的諸関数 H、F、G を定めることができるわけです。G はヘルムホルツの F の U を、H に変えたものです。

通常は、H、F、G をルジャンドル変換というものを用いて天下り的にあたえています。それに対して、このギブスの幾何学的表現は、統一的で一貫性のある、見通しのよい形をあたえているといえるでしょう。次に、これらの関数の意味を述べていきます。

アメリカが2流？

19世紀末、アメリカのある大学の学長がイギリスのケルビン卿を訪ねてこう切り出しました。「実は、ヨーロッパの中で優秀な熱力学や統計力学の学者をご推薦いただきたいのですが……」。するとケルビン卿はこう答えました。「別にヨーロッパで探さなくても、あなたの国のJ. ギブス君などが最適ではありませんか」「はて、ギブスなどという名前は聞いたことがありませんが……」

当時のアメリカは学問、文化ともにヨーロッパに劣る2流の国と考えられていたのですから、この学長の当惑ぶりも、わからないではありません。

それに加えて、ギブスはパリ、ベルリン、ハ

図4-5 ギブス

イデルベルクの大学にそれぞれ1年、通算3年、数理物理学を学んだほかは生まれ故郷のコネチカット州のイエール大学で終生教鞭をとり続けました。研究の成果も『コネチカット・アカデミー紀要』などという、およそ注目されない雑誌に発表されていました。しかも彼の講義は当時としてはきわめて水準が高く、学生は常に数人しか聴講していなかったと伝えられています。

　しかし、平衡系の熱力学および統計力学をほぼ今日の形に完成したのは、このギブスであると言っても過言ではありません。あまりに完成度が高かったため、非平衡の熱力学や統計力学の発達が遅れたという意見もあるくらいです。

難しそうな式にもチャレンジ

　さて、内部エネルギー $U(S, V)$ の独立変数はエントロピー S と体積 V の2つでした。

　次にエンタルピー $H = U + pV$ の微小変化を考えますと

$$dH = dU + d(pV) = TdS - pdV + pdV + Vdp \\ = TdS + Vdp \qquad (4\text{-}33)$$

ですから、エンタルピーの独立変数は S と p です。そして、残りの T と V は(4-28)、(4-29)と同様に

$$T = \left(\frac{\partial H}{\partial S}\right)_p, \quad V = \left(\frac{\partial H}{\partial p}\right)_S \qquad (4\text{-}34)$$

$(\partial H/\partial S)_p$ は p を一定にして dH/dS、$(\partial H/\partial p)_S$ は S を一定にする条件で dH/dp を求めるという意味です。また、$dp = 0$(圧力一定)とすると $dH = dQ$ なので、定圧比熱 C_p は

$$C_p = \left(\frac{\partial H}{\partial T}\right)_p \qquad (4\text{-}35)$$

であることはすでに学びました(p.137)。

さて、すべての変化が圧力一定で準静的に起こるときには、エンタルピーの変化を「物体に含まれる熱」とみなすことができます。そこでエンタルピーのことを熱関数(heat function)とよぶこともあります。命名者は、エンタルピーがカマリング-オネス(Kamerlingh - Onnes, 1853～1926)、熱関数のほうがギブスです。

図4-4の点B、ヘルムホルツの自由エネルギーFの全微分を求めてみましょう。

$F = U - TS$で与えられますから、その全微分は、

$$dF = dU - d(TS) = TdS - pdV - TdS - SdT$$
$$= -SdT - pdV \qquad (4\text{-}36)$$

Fの独立変数は温度T、体積Vになっています。つまり$F(T, V)$ですから

$$S = -\left(\frac{\partial F}{\partial T}\right)_V, \quad p = -\left(\frac{\partial F}{\partial V}\right)_T \qquad (4\text{-}37)$$

となります。Fの独立変数は身近な温度Tと体積Vですから、エントロピーSを独立変数にするUやHよりも実用上便利な形です。

このヘルムホルツの自由エネルギーは、もっぱら統計力学で用いられます。統計力学では、複数の系の固有エネルギーをそれぞれE_iとして

$$Z = \sum_i \exp\left(-\frac{1}{kT} E_i\right) \qquad (4\text{-}36)$$

を状態和とよびます。これとヘルムホルツの自由エネルギーとは

$$F = -kT \log Z \qquad (4\text{-}37)$$

という関係があります。この式は、ミクロな力学的量Eとマクロな熱力学量Fとをつなぐ重要な式です。

しかし実際には、体積Vを一定にしたエネルギーE_iは実測できないので、これ以上立ち入らないことにします。

さて、HからTSを差し引いた量

第4章 熱力学は未来を向いている　*157*

$$G = H - TS \tag{4-38}$$

が、ギブスの自由エネルギーでした。これの微小変化は(4-33)等により

$$\begin{aligned} dG &= TdS + Vdp - TdS - SdT \\ &= -SdT + Vdp \end{aligned} \tag{4-39}$$

となり、T と p が独立変数となっていて、残りのエントロピーと体積は G の偏微分で与えられます。

$$S = -\left(\frac{\partial G}{\partial T}\right)_p, \quad V = \left(\frac{\partial G}{\partial p}\right)_T \tag{4-40}$$

このように、ギブスの自由エネルギー $G(T, p)$ の独立変数は温度 T と圧力 p です。普通の化学反応は1気圧という定圧下で行われることがほとんどですから、(4-39)で $dp = 0$ とおくと、$dG = -SdT$ になります。

4.4　熱力学の実際

反応を支配するものは何か

　やっかいな偏微分の話はこれくらいにして、実際の熱力学を中心にして話を進めます。ここでは、熱力学の根本になる自由エネルギーについてだけ述べることにします。さて熱力学第1法則は、系が外界にする仕事を W としますと

$$\Delta U = Q - W \tag{4-41}$$

と書き直すことができます。Q は系に入る熱量です。W と Q の物理的意味は、図4-6により明らかでしょう。
　ここで変化量 $\Delta U < 0$、つまり系の内部エネルギーが減少する場合を考えますと、その一部は外界への放熱 $-Q$ となり、残りは外界へする仕事になりますが、この両者の割合がどのようにあるべきかについては、何の制限もありません。ですから極端な場合には、放熱か仕事のどちらか一方

図 4-6 熱力学第1法則

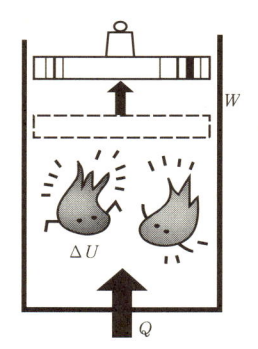

がゼロになる場合があっても差し支えありません。実際、第1法則だけでは、この配分について何も教えてくれません。

いま仮に、内部エネルギーの変化 ΔU のうち、熱に変わる部分を熱関数、仕事に変わる部分を仕事関数とよぶことにします。いままで扱った等温・定積、あるいは等温・定圧という条件では、この熱関数と仕事関数の割合は自然に決まってしまいます。

さて、熱関数よりも仕事関数のほうが、平衡などの現象を扱うときに重要な役割を演じます。そしてこの仕事関数のことを普通、自由エネルギーとよぶのです。自由エネルギーには、ヘルムホルツの自由エネルギーとギブスの自由エネルギーの2種類があることはすでに学びました。

この章では、後者のギブスの自由エネルギー G についてだけ見ることにします。事実、実際に扱われる現象では、このギブスのエネルギーのほうが重要です。

さて、これまで学んできた知識から、変化の方向を支配すると思われる因子が2つあることに気づかれたのではないでしょうか。

その1つは「自発的な変化は、系のエンタルピーが減少する方向に起こりやすい」ということです。これは $\Delta H<0$ の場合です。定圧下ではエンタルピー H は熱 Q そのものであり、発熱反応ではエンタルピーは減少しますが、反応熱が大きいほど(つまりエンタルピー減少の程度が大であるほど)、その反応は起こりやすいということです。

もう1つは、「系のエントロピーが増大する方向に起こりやすい」ということです。これは $\Delta S>0$ の場合です。それは系の自由度が増え、無秩序の状態になるという意味です。

そして、ある反応では、これら2つの因子がともに反応の進行にとって好都合な場合もあり、また、別の反応では、一方が好都合で他方が不都合な場合もあります。ですから、たとえば昔の人が考えたように、化学反応の方向を発熱量の正負だけで決めるのは危険ですし、誤りです。

化学反応ではありませんが、大気圧のもとでの水の蒸発を考えてみましょう。エンタルピーの面から見ると、水→水蒸気は都合が悪いはずです。なぜならば、発熱反応とは逆で、蒸発するために多量の蒸発熱を必要とするからです。

ところが、エントロピーの面から見ると、水よりも水蒸気のほうがエン

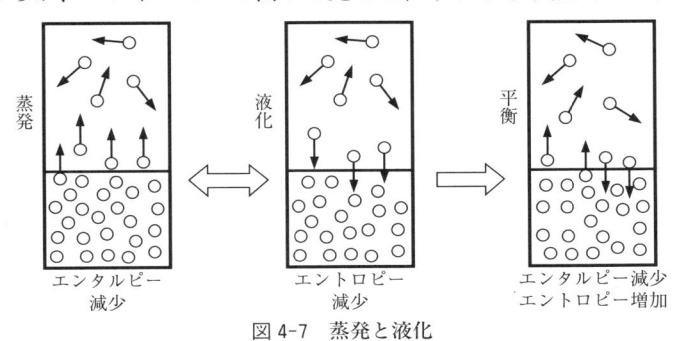

蒸発　　　液化　　　平衡

エンタルピー　エントロピー　エンタルピー減少
減少　　　　　減少　　　　　エントロピー増加

図4-7　蒸発と液化

トロピーが大きく、無秩序の度合いが激しいのですから、水はひとりでに蒸発したがります。ですから、この両者のかね合いで変化の方向が決まります。このような互いに相反する2つの因子を関係づけるために、自由エネルギーという新しい熱力学的な関数が導入されたのです。つまり、繰り返しになりますが

$$G = H - TS$$

がギブスの自由エネルギーなのです。実は G をこのように定義してもよいのですが、内部エネルギーの変化 ΔU のように、系のはじめと終わりの状態間の自由エネルギーの差として ΔG を定義するほうが、わかりやすいといえましょう。

はじめの状態について　　$G_1 = H_1 - T_1 S_1$
終わりの状態について　　$G_2 = H_2 - T_2 S_2$

これから

$$\Delta G = G_2 - G_1 = (H_2 - T_2 S_2) - (H_1 - T_1 S_1)$$
$$= \Delta H - \Delta(TS) \tag{4-42}$$

この ΔG が自由エネルギー変化です。

とくに、等温変化（$dT=0$）の場合、上の（4-42）は次のように書けます。

$$\Delta G = \Delta H - T\Delta S \tag{4-43}$$

ここで注意しなければならないことは、ΔH も ΔS も系についてだけの変化量で、外界とは直接関係がないということです。

エンタルピー H という考えは、もともと定圧変化を扱うのに便利なために（定圧変化における保存量として）導入された量ですから、（4-43）は、特に等温でしかも定圧で行われる化学変化に対しては、まことに好都合な関係式なのです。

（4-43）の右辺第2項 $T\Delta S$ は、要するに温度一定という条件下では T は1つの比例定数、あるいは、エントロピー変化 ΔS をエネルギー（熱量）単位に変えるための係数であることを表しています。

仕事に貴賎なし

熱力学で仕事といえば、ピストンを使ったエンジンに代表されるような、気体の体積変化を考えます。つまり、体積の膨張によって力学的仕事をしたり、逆に外から仕事を受けて体積が小さくなったりします。

しかし、そんなに簡単に、仕事というものを割り切ってしまってよいのでしょうか。理論的には、つまり、おおもととしては、それで十分なのですが、考える対象を気体から液体に移すと、ちょっと事情が違ってきます。なぜなら、液体にはその表面に表面張力とよばれるエネルギーが宿っているからです。

液体の内部では、分子は四方八方から力を受けていて、結果的に偏った引力（分子間の力）を受けていません。ところが、液体の表面の分子は一方的に内向きの引力を受けることになり（空気の引力は非常に小さいので）、表面積は最小に、また自由エネルギーも最小になろうとします。つまり、まん丸な液滴となって、安定になろうとします。

このような力に打ち勝って、表面（すなわち界面）を広げていくには、仕

事が必要です。逆に、表面積を単位面積だけ増加させるのに必要な仕事量が、単位面積当たりの表面張力にあたるのです。

さて、液体の体積変化のほかに、表面積の変化などによる仕事量の変化も考えに入れるとすると、——電磁気が関係してきますと分極のエネルギーも仕事に含めなくてはなりません——熱力学第1法則(4-41)の仕事 W を全仕事と考えて、

$$W = p\,\Delta V + W_u \tag{4-44}$$

とする必要が出てくる場合があります。ここで、W_u は有用仕事(useful work)、また $p\,\Delta V$ は体積仕事です。

この全仕事 W を第1法則(4-41)に代入すると

$$\Delta U = Q - p\,\Delta V - W_u \tag{4-45}$$

さらに圧力一定という条件を入れて、その際の系に入る熱量を Q_p とおくと(添え字の p は圧力一定を示します。またこの Q_p は熱化学における反応熱とは符号が逆である点に注意してください)、(4-45)により

$$\begin{aligned}Q_p &= \Delta U + p\,\Delta V + W_u = \Delta(U+pV) + W_u \\ &= \Delta H + W_u\end{aligned} \tag{4-46}$$

つまり定圧変化では、系の熱量増加はエンタルピーの増加に等しいのですが、もしも W_u まで考えますと、それを加えた値を考えなくてはなりません。

熱力学の核心

さて、有用仕事 W_u がないか、または無視できるような普通の化学変化については $W = p\,\Delta V$ と置くことができます。また第2法則の基本式は $T\,\Delta S \geqq Q$ で与えられます(p.146、クラウジウスの不等式)。ここで不等号は非可逆変化に対応し、等号は可逆変化と対応していることはいうまでもありません。

一方、系が外部にする仕事を W とおいた第1法則は、(4-41)に示し

たように $\Delta U = Q - W$ ですから、$Q = \Delta U + W$ と書き直して、$Q \leq T \Delta S$ に代入すると

$$\Delta U - T \Delta S \leq -W \tag{4-47}$$

ここで W を $p \Delta V$ に置き換えると上の式は

$$\Delta U - T \Delta S \leq -p \Delta V \tag{4-48}$$

ここで、不可逆変化だけが成立するとし、さらに等温で定圧という条件を加えると

$$\begin{aligned}\Delta U - \Delta (TS) + \Delta (pV) &< 0 \\ \Delta (U - TS + pV) &< 0\end{aligned} \tag{4-49}$$

と書き直せます。上式のカッコ内の量は、いずれも状態変数ですから、これらの和も状態量になります。そこで、この全体(和)を G とおくと

$$G = U - TS + pV = F + pV \tag{4-50}$$

となり、まさしくギブスの自由エネルギーです。こうすると(4-49)は

$$\Delta G < 0 \tag{4-51}$$

と簡単に表されます。

　もちろん、G の差というよりも微小変化を扱いたいならば

$$dG < 0 \tag{4-52}$$

とすればよいわけです。

　$\Delta G < 0$、$dG < 0$ という表現はきわめて簡単ですが、熱力学の核心となる重要な結論です。化学現象を物理的に分析し、物理的実験手段を用いるのが物理化学という分野ですが、19 世紀の終盤から、とくに熱力学・統計力学を基盤として発展しました。熱力学は、そうした基本を支える一分野なのです。さて、式を使わないで上式の意味を述べますと、「不可逆変化では系のギブスの自由エネルギーは必ず減少する」ということになりま

す。

すでにおなじみの第1法則は熱量、仕事、内部エネルギーに関する保存則ですが、化学変化がどの方向に向かうかについてはまったく無力です。

化学変化の多くは等温、定圧のもとで行われると考えてよいでしょう。このような外的条件のもとでは、現実的・実験的結論によると、反応は必ず $\Delta G<0$、つまりギブスの自由エネルギーが減少する方向に進みます。ΔG の正負によって変化の方向が判定できるわけです。

したがって、等温・定圧下で平衡状態にあるというのは、$dG=0$ すなわち G が極小値をとる場合です。言い換えれば、平衡が成立する条件は $dG=0$ で決定されます。

つまり、等温・定圧下の化学変化について、発熱反応のときは ΔH は負であり、吸熱変化のときは ΔH は正になります(繰り返しになりますが、熱力学の Q と ΔH は絶対値が等しく、符号が反対でした)。

系の ΔS については、正のときや負のときがあります。温度 T は必ず正です。そのため、ΔH と $T\Delta S$ の数値の大小と正負の符号によって、ΔG は、$\Delta G<0$、$\Delta G=0$、$\Delta G>0$ と3つの場合をとります。

等温・定圧の条件のもとで結論は

$\Delta G<0$ 　　実現可能な変化

$G=0$ 　　平衡状態(どちらにも変化しない状態)

$\Delta G>0$ 　　実現不可能な変化(むしろ逆のほうへ進む)

たとえば、塩素、アンモニアの解離に対するギブスの自由エネルギーの変化は

(1) 　　$Cl_2 \longrightarrow 2Cl$ 　　$\Delta G=+211k$J

(2) 　　$\frac{1}{2}N_2+\frac{2}{3}H_2 \longrightarrow NH_3$ 　　$\Delta G=-16.84k$J

(1)は $\Delta G>0$ ですから、分子から原子への解離は外から仕事を与えない限り自発的に起こることはありません。(2)は $\Delta G<0$ ですから、アン

モニアは自発的に合成されます。

安定と不安定の違いは何か

　私たちは、化学反応の進行について2つのことを考えなければなりません。

　1つは、もともと系が反応する能力をもっているのに、ほかの原因により非常にゆっくり進行するため、ちょっと見ると反応が進んでいないように思える場合です。このとき、系は非常に安定しているかのように見えます。たとえば、常温の水素と酸素の混合物がよい例です。熱力学的にいえば、この場合も $\Delta G<0$ であり、反応は可能です。

　2つめは、系が本質的に安定であって、どんなに長い時間をかけても決して反応が起こらない場合です。これが $\Delta G>0$ の場合に相当します。

　物質が反応する能力とエネルギーの関係は、机の上の物体と床の上の物体との間のエネルギー関係にたとえるとよいでしょう。もちろん、この場合、反応系のエネルギーというのは、実はギブスの自由エネルギーを指しています。

　机の上の物体が床へ落下するとき、重力による位置エネルギーが減少し、その代わり物体は運動エネルギーを獲得できます。そのとき適当な仕掛けを工夫すれば、それを仕事として取り出すことができます。たとえば、水力発電などはこの実例でしょう。しかし、机の上の物体が、広い面の内にある限り、床に向かって自発的に落下することはありませんから、その面で一応安定であるといえます。ところが机の端にある物体はわずかの振動でも落下しますから、不安定とみなされます。

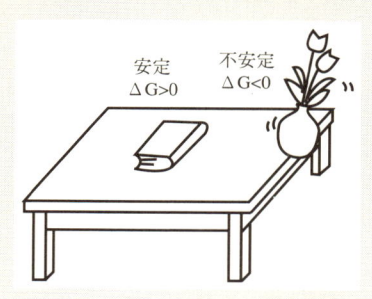

図4-8　安定と不安定

　机の上の物体は化学反応の原系に相当し、床の上の物体は生成系に相当します。机の端にある物体でも、これを本当に落下させるには、たとえわ

ずかでも力を加えてやる必要があります。この力は、化学反応でいう活性化エネルギーに相当します。

G の意味の復習

ギブスの自由エネルギー変化の式 (4-43) $\Delta G = \Delta H - T\Delta S$ をもう少し突っ込んで検討してみましょう。

エンタルピーの定義は、$H = U + pV$ ですから、その変化量は

$$\Delta H = \Delta U + \Delta(pV) = \Delta U + p\,\Delta V + V\,\Delta p \tag{4-53}$$

で表されます。あるいは微分的に考えたほうがわかりよければ、

$$dH = dU + pdV + Vdp \tag{4-54}$$

になります(数学で xy の微分をとると $xdy + ydx$ となることを、丸暗記でもよいから覚えておくと便利です)。

さて、話をもどして、定圧という条件を入れると、先の ΔH の式の第3項は $V\Delta p = 0$ になります。また、第1法則は系がする仕事を W とおくと $\Delta U = Q - W$ で表されますが、特に可逆変化について、系に入る熱量と系がする仕事をそれぞれ Q_r、W_r とおくと (r は reversible; 可逆を表します)、$\Delta U = Q_r - W_r$ と書けます。特に可逆変化の場合は、エントロピーの定義から $Q_r = T\Delta S$ とおけますから、$\Delta U = T\Delta S - W_r$ となります。ただし、ΔS は系自身のエントロピー変化です。結局、定圧下では ΔG の式は次のように変形できます。

$$\begin{aligned}
\Delta G &= \Delta H - T\Delta S \\
&= (\Delta U + p\,\Delta V + V\,\Delta p) - T\Delta S \\
&= (\Delta U + p\,\Delta V) - T\Delta S = (T\Delta S - W_r + p\,\Delta V) - T\Delta S \\
\therefore -\Delta G &= W_r - p\,\Delta V
\end{aligned} \tag{4-55}$$

ここで W_r は、可逆変化において系がすることのできる仕事の総量です。また、$p\,\Delta V$ は系の体積仕事で、系が一定の外圧 p に逆らって行う膨張仕

事です。だから、$-\Delta G$ というのは、可逆仕事の総量から膨張仕事を差し引いた残りということになります。この残りの仕事は W_{max} とも書けます。なぜなら、大気圧のもとで開いた容器内で行われる化学反応では、気体の膨張(あるいは収縮)による $p\Delta V$ の項は、単なる膨張にすぎませんから、化学反応では有用な目的に利用できないものといえるからです。

こうして、$\Delta G = \Delta H - T\Delta S$ で定義されるギブスの自由エネルギー ΔG は、等温・定圧の化学変化において有効に利用できる仕事(体積仕事を含まない)の最大限を表すものと結論できます。ただし、この結論は可逆変化の場合であり、現実の非可逆変化では、この ΔG さえも満足には利用できません。

横丁ゼミナール

陽子「先生、熱力学は熱機関、といっても気体の研究から始まったわけですよね?」

先生「もちろん」

陽子「で、発見された第1法則がエネルギー保存則。"内部エネルギーの変化は、与えられた熱と仕事の和に等しい"ということで、

$$\Delta U = W + Q$$

つまり、仕事(W)や熱(Q)を与えない限り(あるいは取り去らない限り)、内部エネルギーの増加(あるいは減少)はありえない、ということでもありました。このとき、仕事(W)としては、もっぱら気体の膨張や圧縮による力学的な仕事を考えて、

$$W = -p\Delta V$$

という式がひんぱんに出てきたように思います。仕事として、体積変化によるものだけを考えたわけです。

ところが、話がここへ来て、『仕事の総量から膨張仕事を差し引くと……』などとなって、いつの間にやら、体積変化による膨張仕事は仕事の一部分に追いやられてしまった。これはちょっとナットクしがたいのですが……」

先生「ナルホド。理想気体を研究して得られた古典的熱力学の諸法則は、液相や固相や、それらの混合までを対象に含むようになるとどうなるのか、という質問と同じだね。

　結論からいえば、これまで学んだ熱力学の基本原理を表す式は、"仕事が体積変化である場合にのみ"成り立つものといってよい。実際、考える対象を液体や固体にまで広げると、必ずしも仕事として、体積変化だけを考えればよいというわけではなくなる。たとえば、液体では表面張力による仕事を含めたり、電池から電気を取り出す反応では電気的仕事を考えなくてはならないときもある。

　では、理想気体について正しい諸式は、そんな場合には使えなくなるのかというと、そんなことはない。古典的熱力学の諸原理は理想気体だけでなく他の物質の系——たとえばゴムヒモに始まって電池、磁性体、粒子の集まりその他——についても正しい。ただし、"可逆過程"でなくてはならない、などという制限はつくけどね。

　たとえば化学反応では

$$W = 有用仕事 + 体積仕事$$

というふうに、従来考えてきた仕事（W）を2つに分けて考えたほうが便利なことが多い。だから、これまで理想気体について体積仕事として考えてきた「仕事」を、今度は「全仕事」と置き換え、これをさらに（有用仕事＋体積仕事）というふうに分けただけ、と考えればいい」

陽子「つまり、原理は一般化できるということですね」

先生「そうだよ。だから、君たちは熱力学を学ぶんだよ」

クマさん「ところで、自由、自由と、なんだかフランス革命みたいな言葉がポンポンと出てきましたが、どんな意味です？」

先生「ハッハッハ。フランス革命はよかったね。自由エネルギーの"自由"は、"束縛"エネルギーの対語としての自由だと思えばいい。ヘルムホルツの自由エネルギーは

$$F = U - TS$$

だったし、ギブスの自由エネルギーは

$$G = H - TS$$

だったが、この2つの式に現れる TS を束縛エネルギーといい、仕事にならない役立たずのエネルギーである。これを U や H から取り去った残りが自由エネルギーで、"自由に仕事に転換できる"というのが意味のようだ」

理論と現実がつながるとき

これまで4つの熱力学的関数

　　　　内部エネルギー　　$U(S, V)$
　　　　エンタルピー　　$H(p, S) = U + pV$
　　　　ヘルムホルツの自由エネルギー　　$F(T, V) = U - TS$
　　　　ギブスの自由エネルギー　　$G(p, T) = H - TS$

を定義しました。

それぞれの関数の微小変化については、まず

$$dU = TdS - pdV \tag{4-56}$$

は熱力学第1法則であり、エンタルピー H の微小変化 dH は、式(4-33)により

$$dH = TdS + Vdp \tag{4-57}$$

また、ギブスの自由エネルギーの微小変化 dG は、式(4-39)により

$$dG = -SdT + Vdp \tag{4-58}$$

となります。

これらの式の重要さの一端を知るために、ここで式(4-58)に等温 (dT=0) という条件を入れて、理想気体1モルが状態1から状態2まで変化する場合のギブスの自由エネルギーの変化を考えますと ($V = nRT/p$ でかつ $n = 1$ ですから)

$$\varDelta G = G_2 - G_1 = RT \int_1^2 \frac{\mathrm{d}p}{p} = RT \log \frac{p_2}{p_1} \quad \left(\because \int \frac{1}{x} \mathrm{d}x = \log x \right) \tag{4-59}$$

いま、温度 T、1 気圧において、理想気体 1 モルのギブスの自由エネルギーを $G°$ とおいて、任意の圧力 p 気圧の自由エネルギーを G とすると、式 (4-59) から、

$$G - G° = RT \log \frac{p}{1} = RT \log p \tag{4-60}$$

ですので、$G = G° + RT \log p$ と与えられます。ただし、$G°$ は 1 気圧のときの G の値です。

この結果を見ますと、いままでつかみどころのなかった (?) ギブスの自由エネルギーが、測定可能な T と p につながったことがわかります。G は状態量ですから、温度と圧力が定まっていれば、1 モルあたりの理想気体のギブス自由エネルギーが決まることになります。

反応の熱力学

　反応熱の初期の研究は、おもにデンマークの化学者トムセン（J. Thomsen, 1826〜1909）とフランスの化学者ベルテロー（M. Berthelot, 1827〜1907）によって行われました。彼らは 19 世紀の後半に、多くの化学反応について熱力学的な測定を実行して、反応熱が化学親和力（chemical affinity）の尺度であると信じ込むに至りました。そして、化学変化は必ず発熱をともなう方向に進む、ということを提唱したのです。しかし、現代の知識から見ると、この考えは間違いでした。トムセンとベルテローに従うと、吸熱反応は自然には起こらないことになります。しかし、たとえば、塩化ナトリウム（NaCl）が水に溶けるときの溶解熱は −0.93　kcal/mol で、これはよくある吸熱反応です。このように多くの化学反応が正逆どちらの方向にも進むことができることを、トムセンとベルテローの説では説明できません。

化学親和力とか化学反応の推進力という言葉は、今日でもよく用いられますが、その真の意味は、ギブスの自由エネルギーの概念が化学に取り入れられて初めて明らかになったものです。

　トムセンやベルテローは、化学反応の推進力となる2つの因子のうちの一方、つまり、反応熱（$-\Delta H$）だけに注目して、$T\Delta S$ という項の存在に気づかなかったわけです。それなのに、彼らの唱えた原理が一応正しいように思われたのは、多くの化学反応において、常温付近では ΔH の項が $T\Delta S$ の項に比べて圧倒的に大きく、しかも ΔH が負、すなわち発熱反応である場合が普通であったためです。

　現在の化学熱力学の知識からすると、等温・定圧のもとでは、ギブスの自由エネルギー G が化学的親和力の尺度であるといえます。前に述べたように、化学反応におけるギブスの自由エネルギー変化は

$$\Delta G = G_{生成系} - G_{原系}$$

で表されます。もしも、$\Delta G < 0$ ならば反応は自然に進み、そのとき有効な真の仕事が出現します。これに対して、$\Delta G > 0$ ならば反応は自発的に起こることはなく、反応を起こさせるには系に仕事（エネルギー）を加えてやらなければなりません。そして $\Delta G = 0$ が、化学平衡が成立する条件です。そのため、ΔG は反応の推進力（driving force）ともよばれています。もちろん、この推進力は、原系および生成系の温度や圧力によっても変わります。

　等温・定圧下の反応では、$\Delta G = \Delta H - T\Delta S$ の関係がありますから、この推進量は、ΔH と $T\Delta S$ との2つの項から成り立っているといえます。

　前者の ΔH は、逆に見れば、定圧反応熱 Q_p のことです（p は pressure の p）。後者の $T\Delta S$ は、その反応が可逆的に行われるときの熱変化です。そして、ΔG は両者の差であり、それは、有効な真の仕事に転換できる反応熱の部分、いい換えると、全反応熱から役に立たない熱量を差し引いた残りと考えられるのです。

　いずれにせよ $\Delta G > 0$、すなわち、ギブスの自由エネルギーが増加する方向へは、反応は自発的に進まないことに注意する必要があります。

4.5 相(そう)とはなにか

物質の顔が変わるとき

　人間がそのときどきの感情によって笑ったり怒ったりと、表情(face)を変化させるように、物質もときどきの圧力や温度によって、さまざまな相(phase)を見せます。たとえば水は、温度によって氷(固体)、水(液体)、水蒸気(気体)と、異なった姿・形をとります。このような氷、水といった形態を相とよび、氷、水、水蒸気をそれぞれ水の固相、液相、気相といいます。そして、これらの相の変化(相転移)では、物質の性質が突然変わってしまうのが重要なポイントです。ちなみに、この phase という言葉はギリシャ語で「外観」を意味する単語から来ています。

　また、1つの相でも、結晶の形など、性質の違ういくつかの形態が存在していて、ふだん私たちが見ている氷は、氷の11個ある相のうちの1つでしかありません(図4-9)。相の中での違いは I、II、…、XI 相などとよんで区別します。

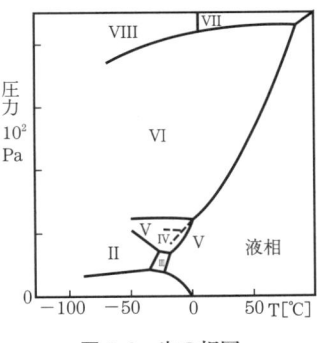

図 4-9　氷の相図

　さて、図4-10は、ある温度と圧力で、純粋な水が熱平衡状態にあるとき、どの相をとるかを示しています。図を見ますと、気相が、固相や液相の範囲に切れ込んでいますが、これは温度を下げても、同時に圧力を下げれば、液体や固体にならないことを示しています。

　いま、圧力(p_0)を1気圧(大気圧)に固定して、温度を絶対零度から上げてみますと、まず、温度 273.15K(T_m)で固体→液体の相転移(融解)が起こります。そして、

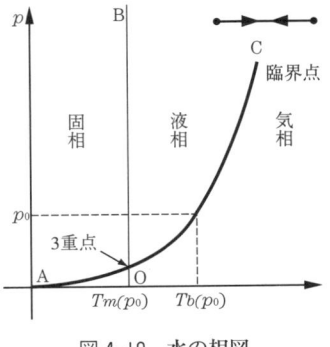

図 4-10　水の相図

さらに温度を上げると 373.15K (T_b) で液体→気体の相転移 (蒸発・気化) が起こります。この境界線上の点では 2 種類の相が共存しています。この境界線を共存曲線といいます。

よく見ると、気化曲線は途中で切れています (図 4-10 の C)。実は、この点以上の圧力のもとでは温度を変えても、相転移は起こらず、温度の上昇につれて物質は液体から気体へと連続的に移り変わります。これは水に限ったことではなく、どの物質の液相・気相の境界でも起こることです。このような、液相と気相の境界線 (気化曲線) の終点を臨界点といい、このときの温度と圧力をそれぞれ臨界温度、臨界圧力といいます。実はこの言葉はすでにファンデルワールスの状態方程式を扱ったときに登場しています (2 章 p.66)。図 4-10 は T-p グラフであるのに対して、図 2-15 は p-V グラフであることに注意してください。図 2-15 にあるように臨界温度以上の温度では、グラフがなめらかに変化していて、液相と気相との区別がつかなくなっています。

さて、固相、液相、気相の境界線が 1 点に交わるところでは、氷、水、水蒸気が共存します。このように、異なる 3 つの相が共存する点を 3 重点といいます。水の 3 重点の圧力は約 0.006 気圧、温度は 273.16K (0.01℃) です。この点の温度が絶対温度の単位ケルビン K を定義する国際基準とされています。ただ、氷点は 1 気圧、273.15K (0℃) ですから、3 重点と氷点を混同しない注意が必要です。

超臨界水

臨界点以上では物質の液体、気体の区別ができないと述べました。とくに水の臨界状態は超臨界水といわれていて、最近非常に注目を浴びています。

この「水」は気体の性質をもった液体であり、液体の性質をもった気体といえます。水分子が液体のように凝縮したまま、気体のように活発に動くので、油といった普通の水には溶けないようなものまでが、この超臨界水には溶けてしまいます。そのため、超臨界水には、次世代の新しい溶媒

として大きな期待がよせられています。

　さらに、いま問題となっている猛毒のダイオキシン、またダイオキシンの発生源となる PCB(ポリ塩化ビニル。以前に広範囲に使用されていたため、現在、その処理が問題となっている)などをも分解してしまうため、環境問題の解決の切り札として、研究が着々と進められています。さらにはプラスチックまでも溶かしてしまうため、プラスチック廃棄物のリサイクルのための研究もなされています。ちなみに超臨界水は飲めません。

化学ポテンシャル

　さしあたり、溶液のような混合物質ではなく、純粋物質を考えることにします。

　それぞれの相の物質が他の相に移るなどして、相の物質量が変化するとして、その量をモル数 n で表します。とくにモル数で表すことが必要だというわけではありませんが、気体や化学変化を扱うときに便利ですから、このようにするのが普通です。

　また、このような変化を扱うときには、多くの場合、圧力 p と温度 T を独立変数として扱います。そのような場合に都合がよいのはギブスの自由エネルギー G です。もちろん、条件を変えれば、G の代わりに U、F、H が表舞台に出てきます。

　ギブスの自由エネルギーは、示量変数(物質の量に比例する量)ですから、n モルでの値を $G(n, p, T)$ とすると、それは1モルのギブスの自由エネルギー $G(1, p, T)$ の n 倍ですから

$$G(n, p, T) = nG(1, p, T) \tag{4-61}$$

となります。ここで左辺の $G(n, p, T)$ を G、右辺の $G(1, p, T)$ を $\overset{\text{ミュー}}{\mu}$ と書き直すと

$$G = n\mu \tag{4-62}$$

　この右辺の μ を化学ポテンシャルとよびます。化学ポテンシャルは、p

と T だけの関数であり、以下に続く相平衡を調べるにあたって、その中心的役割を果たす重要な量です。

ぶっちゃけた話、筆者は学生時代に(4-62)の意味や定義がサッパリわからなくて困ったことを覚えています。私の先生はとても偉い先生でしたが、あまりに頭がよい先生は、学生がどうしてわからないのか、わからなかったようです。

しかし、いま考えてみると何のことはない、μ は(4-32)の G と同じもので、1 モルのギブスの自由エネルギーそのものです。ところが、1 モルのときは G、n モルのときは 1 モルあたり μ と記号を変えているために、混同してわかりにくかったのです。ついでのことに、(4-32)の n モルの $G(=H-TS)$ の微小変化 $dG(n,p,T)$ は、S、V が示量変数である点に注意して、

$$dG(n,p,T) = -SdT + Vdp \tag{4-63}$$

$$dG(1,p,T) = d\mu = -\frac{S}{n}dT + \frac{V}{n}dp \tag{4-64}$$

さて、G の微小変化 dG は、n と μ を独立に微小変化させたものですので、(4-62)の微分より

$$dG = \mu dn + n d\mu \tag{4-65}$$

となります。この右辺第 2 項に(4-64)を代入すると

$$dG = \mu dn + n\left(-\frac{S}{n}dT + \frac{V}{n}dp\right)$$

$$= Vdp - SdT + \mu dn \tag{4-66}$$

になります。圧力と温度を一定、つまり $dp=0$、$dT=0$ として、さらに両辺を dn で割ると、化学ポテンシャル μ は

$$\left(\frac{\partial G}{\partial n}\right)_{p,T} = \mu \tag{4-67}$$

という偏微分で表されます。これが化学ポテンシャルの一般的表現です。

水はなぜ蒸発するのか

いま、一定圧力の容器内に封入された純粋物質(たとえば水)が図4-11のように2つの相(水と蒸気、氷と水など。ここでは相ⅠとⅡを水と蒸気にとります)に分かれているとします。

熱平衡では、2つの相の圧力、温度について

$$p_水 = p_蒸, \quad T_水 = T_蒸 \tag{4-68}$$

が成り立っています。

図4-11において、相ⅠおよびⅡのギブス自由エネルギーをそれぞれ $G_水$、$G_蒸$ とすると、全体のギブス自由エネルギーは

$$G = G_水 + G_蒸 \tag{4-69}$$

となります。いま、T、p を一定に保ったまま、水の微小量 dn モルが液相から気相に移る仮想変位(水蒸気が凝縮して水になるような変化)を考えると、それにともなう G の変化は、片や増、片や減ですから

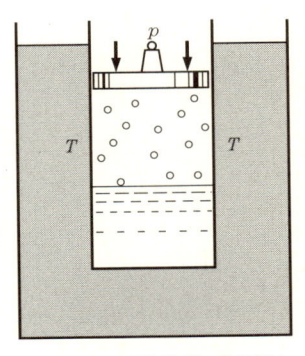

$$\begin{aligned}dG &= dG_水 + dG_蒸 = \mu_水 dn - \mu_蒸 dn \\ &= (\mu_水 - \mu_蒸) dn\end{aligned} \tag{4-70}$$

図4-11 純粋物質の相平衡

となります。

ところで、系は等温定圧下において平衡状態となっていますから、自由エネルギー G は極小値をとります。したがって G の変化 dG は、

$$dG = 0 \tag{4-71}$$

でなければなりません。そのため

$$\mu_{水}(p, T) = \mu_{蒸}(p, T) \tag{4-72}$$

となります。つまり、両相の化学ポテンシャルが等しいとき、2つの相は平衡を保ちます。

元をただすと、μ は1モルあたりのギブスの自由エネルギー $G = H - TS$ のことでした。H は定圧下におけるエネルギー、S はエントロピーですから、H はなるべく小さく、S はなるべく大きくなる傾向にあります。水分子が水から水蒸気へと変化すると、分子どうしの引力（いわば、分子をつなぐバネ）を切断しますから H は増しますが、エントロピーも増しますので、化学ポテンシャルの変化は

$$d\mu = d(H - TS) = 0 \tag{4-73}$$

になるわけです。

ちょっと一休みします。G が示量変数であることから、$G = n\mu$ とおきました。前にも触れたかと思いますが、示量変数の代表的な例は体積 V です。1リットル＋2リットル＝3リットルというように、足し算ができます。2モル＋3モル＝5モルですから、モル数も示量変数です。例のエントロピーも示量変数です。一方、温度や圧力は単純に足し算ができません。このような量が示強変数です。示強変数である圧力 p は体積 V を大きくしようとする働きであるように、温度 T も熱をなるべく広く分布させようとする働きの強さを表す量です。エントロピーは熱の分布を指すと考えると、TS の意味は明らかでしょう。

仲良く共存する条件

先ほどは、平衡状態では2つの相の化学ポテンシャルが等しくなるということを示しました。つまり、水や蒸気が持つ化学ポテンシャルがお互いに等しくなった状態が平衡状態でした。平衡状態ではさらに、これらの相の温度・圧力が外界の温度・圧力と等しくなっています。

さて、それぞれの相の化学ポテンシャル（1モルあたりの G）は温度と圧

力の関数ですから

$$\mu_{\mathrm{I}}(p, T) = \mu_{\mathrm{II}}(p, T) \tag{4-74}$$

となることは前にも述べました。

　これは圧力と温度を変数とする方程式です。平衡状態ではこの式が成立しなくてはなりませんので、圧力と温度はこの式を満たすような値しかとれません。ただ、変数が圧力、温度と2つあるのに対して、方程式はこれ1つです。ですから、この式は圧力と温度の関係を決めるだけであって、両方は確定しません。つまり、これは p-T グラフにおける1本の曲線に対応します。この方程式を満たすものが、図4-10で見たような曲線になるのです。この曲線が共存曲線であり、この曲線の上では2相の化学ポテンシャルが等しく、2つの相が共存しています。

　さらに、水の3重点のように、3相が共存している場合には、その相I、II、III の化学ポテンシャル μ_{I}、μ_{II}、μ_{III} について

$$\mu_{\mathrm{I}}(p, T) = \mu_{\mathrm{II}}(p, T) = \mu_{\mathrm{III}}(p, T) \tag{4-75}$$

の等式が成り立つはずです。変数が2つ、等式が2つですので、答は1点に決まります。この点が3重点 (T_t, p_t) です。

　共存曲線上でない温度、圧力の状態というのはどのような変化を起こすのでしょうか。仮に、外界の温度が T、圧力が p のとき、全粒子数 N 個のうちI相に N_{I} 個の粒子が、またII相に N_{II} 個があるとしましょう。2つの相のそれぞれのギブスの自由エネルギーの間には

$$G(N_{\mathrm{I}}, N_{\mathrm{II}}, p, T) = G_{\mathrm{I}}(N_{\mathrm{I}}, p, T) + G_{\mathrm{II}}(N_{\mathrm{II}}, p, T) \tag{4-76}$$

という代数和（普通の足し算）の関係が成り立ちます。したがって、II相からI相に dN_{I} だけ粒子が移った状態とはじめの状態との G の差 $\varDelta G$ は（p、T は省略します）、

$$\Delta G = G(N_\mathrm{I}+\mathrm{d}N_\mathrm{I}, N_\mathrm{II}-\mathrm{d}N_\mathrm{I}) - G(N_\mathrm{I}, N_\mathrm{II})$$
$$= G(N_\mathrm{I}+\mathrm{d}N_\mathrm{I}) + G(N_\mathrm{II}-\mathrm{d}N_\mathrm{I}) - G(N_\mathrm{I}) - G(N_\mathrm{II})$$
$$= [G(N_\mathrm{I}+\mathrm{d}N_\mathrm{I}) - G(N_\mathrm{I})] + [G(N_\mathrm{II}-\mathrm{d}N_\mathrm{I}) - G(N_\mathrm{II})]$$
$$= \left(\frac{\partial G_\mathrm{I}}{\partial N_\mathrm{I}}\right)_{T,p} \mathrm{d}N_\mathrm{I} - \left(\frac{\partial G_\mathrm{II}}{\partial N_\mathrm{II}}\right)_{T,p} \mathrm{d}N_\mathrm{I} \quad \because \frac{f(x+\mathrm{d}x)-f(x)}{\mathrm{d}x} \approx f'(x)$$
$$= [\mu_\mathrm{I} - \mu_\mathrm{II}]\,\mathrm{d}N_\mathrm{I} \tag{4-77}$$

となります。これは共存曲線上にない場合ですから、μ_I と μ_II は等しくありません。ギブスの自由エネルギーは減少する方向、つまり $\Delta G<0$ に向かいますから、$\mu_\mathrm{I}>\mu_\mathrm{II}$ ならば $\mathrm{d}N_\mathrm{I}<0$、つまり N_I が減り、$\mu_\mathrm{I}<\mu_\mathrm{II}$ ならば $\mathrm{d}N_\mathrm{I}>0$、つまり N_I が増えることになります。要するに粒子が、化学ポテンシャルの高い相から低い相へ移動するのです。

ご存知のように、重力加速度 g の地球上の高さ h の物体の位置エネルギーは mgh です。質量 m の物体は、gh の高い位置から低い位置へ移動します。これと比べると $G=n\mu$ の化学ポテンシャル μ は単位質量に対する重力のポテンシャル gh と同じとみなすことができます。これが μ を化学ポテンシャルとよぶ理由になっています(化学ポテンシャル、chemical potential という用語を初めて使ったのはギブスです)。それに加えて、化学ポテンシャルは p と T で決まり、それぞれの相にある粒子数が変わっても変化しません。これは重力のポテンシャルが gh で決まり、質量 m が変わってもポテンシャルそのものは変化しないのと同じことです。

さて、粒子の移動は化学ポテンシャルの高い相の粒子がなくなるまで続いて、すべての粒子が化学ポテンシャルの低い相となったとき、ギブスの自由エネルギーは最小の値となり、系は平衡状態に到達します(共存曲線上でしたら、相が共存します)。

乾いた感覚を科学する

皆さんはすでにお気づきのことと思いますが、閉めきった部屋の中で電気ストーブをつけますと、空気が乾燥してきます。といっても、空気中の水蒸気がストーブで燃えて(?)しまうわけではありません。

空気中の水蒸気は、温度によって飽和する量(言い換えれば、それ以上蒸発できないという量)が決まっています。この飽和したときの水蒸気の圧力のことを、飽和蒸気圧とよんでいます。飽和した蒸気(気体)は、当然のことながら、液体としての水分と平衡を保っています。しかし、この気体と液体の平衡状態は、温度が上がると崩れ、飽和蒸気圧は温度が上がるにつれて高くなっていきます。

だから、ストーブをつけて空気が乾燥するのは、飽和蒸気圧が高くなるため、人体の皮膚にある水分がいっそう蒸発(気化)しやすくなって、皮膚感覚として、乾いたふうに感じる……と、こういうわけなのです。

この現象を熱力学的観点から調べてみましょう。

まずは図 4-12 を見てください。図 4-12 には、接近した 2 本の等温線が引いてあります。等温線 I → A → E → F は温度 T の線であり、I′→ A′ → E′→ F′はそれより少し低い温度 $T-\Delta T$ の等温線です。

そして、水平な等温線 AE 間の圧力 p と、同じく水平な A′E′ 間の圧力 $p-\Delta p$ は、それぞれの温度での飽和蒸気圧を表しています。なぜならば、これらの等温過程は準静的過程(状態方程式を満たしながら進む過程、または平衡状態に近い状態を保ちつつ変化する過程)であって、その間、気体と液体は熱平衡状態——すなわち共存状態のまま変化なし——になっているからです。

クラウジウス・クラペイロンの式

ここで、「これらの等温過程は準静的」であるとか、その間、2 つの相は「熱平衡状態」にあると書くと、さも特殊な条件下のグラフであるかのように受け止められがちですが、実際はそうではありません。このような p-V 図であれ、p-T 図であれ、また T-S 図であれ、そこに描かれた関係上の点はすべて、熱平衡状態を表しています。したがって、熱平衡状態をつないだ連続的な線は、すべて可逆過程であるということになります。状態図の

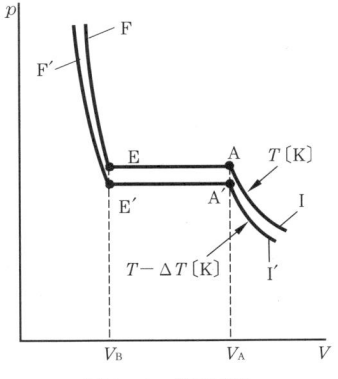

図 4-12 等温変化

ことを平衡状態図ともいうのはそのためであって、そこに不可逆過程を示す曲線を描くのは、原則的に不可能であることに注意しましょう。

さて図4-12に戻って、AEとA′E′はともに気相・液相の共存状態を表しているというのなら、図右下から立ち上がってAに達するまでの斜めの曲線は、何を表しているのでしょう？

ピストンの中に入った気体を考えてみてください。シリンダーを押して（ただし、等温変化とするためきわめてゆっくり）、内部の気体の体積を圧縮していきますと、$pV=$一定の式からもわかるように、圧力が上がっていきます。これが、図の右下からA点に達するまでの過程です。ところが、A点からE点までは、シリンダーを押して体積を小さくしていっても、圧力は一定のままで上がりません。なぜなら、温度は一定でも圧力が飽和蒸気圧に達しますと、気体は液化を始めて、その量を減らします。したがって、体積が小さくなっても圧力はそれ以上増えない、というわけです。

では、E点から先へ急峻に左上がりになっている曲線は何を表すのでしょう。これは、気化が終了して全部液体になってしまったものを圧縮していく過程です。分子の詰まった液体ですから、少しの圧縮でも圧力はどんどん高まっていく、と見ればよいでしょう。

もちろんこの図を左からたどって、液体の圧力をどんどん減らしていくと気体との共存状態が実現して、さらには気体になっていく……というように読んでもかまいません。

このように図4-12は、水に限らず、一般の物質の気相と液相の2つの相の等温変化を表したp-V図なのです。また、温度Tの等温変化を示す曲線の下に、温度T'での等温変化の曲線を示しました。温度が下がれば、飽和蒸気圧も、線分AEの高さ(圧力)からA′E′の高さへと下がることは、すぐおわかりでしょう。

ここで、図のようなE→A→A′→E′→Eの、平行四辺形の準静的可逆サイクルをとってみます。これは、液体を膨張させて気化させる過程です。そしてE→Aの等温過程で吸収した熱をQ_1、A′→E′の等温過程で放出した熱量をQ_2とします。ここでE′E、AA′は短い断熱過程とします

と、形こそ変わっていますが、EAA′E′E は(等温・断熱・等温・断熱の準静的4過程からなる)カルノー・サイクルになっています。体積 V_E は全部液体です。したがって吸熱 Q_1 は温度 T の液体を全部気体に変えるのに必要な熱量ですから、気化熱に相当します。いま、気体の量を1モルとして、その潜熱すなわち気化熱を $L \equiv Q_1$ と書くことにしましょう。

　また、1サイクルの間に、体系が外にする仕事 W は図4-12を見てもわかる通り、

$$W = 面積(\mathrm{EAA'E'}) = \Delta p (V_A - V_E) \tag{4-78}$$

になります。V_A は気相の体積、V_E は液相の体積です。ここでカルノー・サイクルの効率の式

$$\eta = \frac{W}{Q_1} = \frac{Q_1 - Q_2}{Q_1} = \frac{T_1 - T_2}{T_1} \tag{4-79}$$

を用いますと

$$\eta = \frac{W}{L} = \frac{L - Q_2}{L} = \frac{T - (T - \Delta T)}{T} = \frac{\Delta T}{T} \tag{4-80}$$

(4-78)の W を(4-80)の左辺に代入すると

$$\frac{\Delta p (V_A - V_E)}{L} = \frac{\Delta T}{T} \tag{4-81}$$

微分の定義　$\displaystyle\lim_{\Delta T \to 0} \frac{\Delta p(T)}{\Delta T} = \frac{\mathrm{d}p(T)}{\mathrm{d}T}$　より

$$\frac{\mathrm{d}p}{\mathrm{d}T} = \frac{L}{(V_A - V_E)} \frac{1}{T} \tag{4-82}$$

という関係式を導くことができます。これをクラウジウス・クラペイロンの式といいます。

　通常は、気体と液体のモル体積(その物質1モルが占める体積)の間に $V_A \gg V_E$ の関係が成り立ちますので

$$\frac{\mathrm{d}p}{\mathrm{d}T} \fallingdotseq \frac{L}{V_A T} = \frac{Lp}{RT^2} \tag{4-83}$$

となります。なお、(4-83)を導くとき、理想気体の状態方程式 $V_A = RT/p$ を利用しています。(4-83)を移項して

$$\frac{1}{p}\,\mathrm{d}p = \frac{L}{R}\frac{1}{T^2}\,\mathrm{d}T \qquad (4\text{-}84)$$

気化熱 L は一定であるとして、この式の両辺を積分すると

$$\log p = -\frac{L}{R}\frac{1}{T} + C = -\frac{L}{2.303RT} + C \quad \left(\because \int \frac{1}{p}\,\mathrm{d}p = \log p\right) \qquad (4\text{-}85)$$

温度 T_1、T_2 における液体の蒸気圧を p_1、p_2 とすると、

$$\log \frac{p_2}{p_1} = -\frac{L}{2.303R}\left(\frac{1}{T_2} - \frac{1}{T_1}\right) \qquad (4\text{-}86)$$

横丁ゼミナール

陽子「先生、お役人の天下りがよく問題になりますが、式の天下りというのも学生にとっては問題なんですよね」

先生「ハッハッハッ。これがクラウジウス・クラペイロンの式。証明はこれこれで、これを使って次の問題を解け……、というのは天下り式だというんだね」

陽子「どういう成り行きでその式が生まれたのか、とか、その式は何のためのものか、とかは、とりあえず知りたいんですよね。わざわざ人名がついている式だったら、その人の名誉のためにも、どんな人だったかも知りたい」

クマさん「式の名前からするってぇと、クラウジウスのほうが兄貴分ってことですか?」

先生「年齢からするとクラペイロンのほうが先輩だ。クラペイロンはカルノーの業績を世に知らしめたというので有名だが、その著作『動力についての覚え書き』の中で、蒸気圧の変化と潜熱(気化熱)の関係式を導いた。技術者だったクラペイロンは蒸気機関の研究をしていてカルノーの論文に気づき、それを応用して上記の式を導いたという。ただし、クラペイロンは熱素説の立場でこれを導き、それからしばらくして、クラウジウスが正統的熱力学の立場から、これを定式化した。クラペイロンの名前を先に出すこともあるが、正統的という意味から、クラウジウスの名前が先にあるのかもしれないね」

陽子「私たちに大事なのは、式のもつ意味ですよね」

先生「そう、この式のもつ意味はだね……」

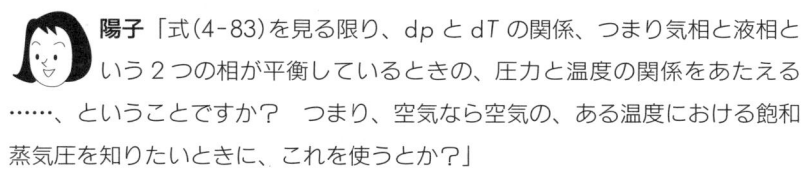

陽子「式(4-83)を見る限り、dp と dT の関係、つまり気相と液相という2つの相が平衡しているときの、圧力と温度の関係をあたえる……、ということですか？ つまり、空気なら空気の、ある温度における飽和蒸気圧を知りたいときに、これを使うとか？」

先生「逆に、ある圧力下での、液相の沸点とか、固相の融点も計算できる」

陽子「ということは、この式は何も、気相と液相に限られるわけではないんですね？」

先生「そうだよ。2つの相が何であってもよい。液相と固相とか、気相と固相とか、ね」

洋平「式を見ますと、L というのが潜熱ですが、そうすると、潜熱を求めるときにも使えますね？」

先生「もちろん。もともと、蒸気機関の研究で潜熱(蒸発熱)を知ることは重要な問題だったのだろうが、この式によれば、蒸気圧を測れば潜熱がわかることになる」

クマさん「ずいぶん便利な式ですネェ」

陽子「便利なものはどんどん使えばいいのだから、この式は○○のための式だと、決めつけてしまわないほうがよい……？」

先生「もともとは、こういう成り行きで生まれたものだが、実際にはこういう使い方も、ああいう使い方もできる……と言ってあげたほうが親切ではある。しかし望むらくは、学習しているうちにサトッテほしい。ということで、次に例題を1つ……」

例題1 水のモル蒸発熱(気化熱)は100℃で40.66kJ/molである。95℃の蒸気圧は何気圧になるか？

解 100℃の蒸気圧は1atmである(つまり1atmの下では水は100℃で沸騰するということ)。さて、95℃の蒸気圧を p とすると、式(4-86)によっ

$$\log \frac{p}{1} = -\frac{40.66 \times 10^3}{2.303 \times 8.314}\left(\frac{1}{368.15} - \frac{1}{373.15}\right) = -0.07729$$

$$\therefore p = 0.837 \,\mathrm{atm}$$

つまり、0.837atm では水は 95℃ で沸騰する。

氷、水、蒸気が重なるとき

　171 ページの図 4-10 の水の状態図において、水、水蒸気、氷の 3 相が共存する 3 重点 O では、温度、圧力ともに一意に定まっています。これに対して水と水蒸気の 2 相が平衡にある曲線 OC 上では、温度または圧力のどちらかを自由に選ぶことができました。これは曲線 OA (氷と水蒸気の平衡状態) または OB (氷と水の平衡状態) 上でも同様です。この場合の温度や圧力のように、自由に定めることができる示強変数の数を、系の自由度とよびます。上の例では、3 相が共存する場合は自由度 0、2 相共存の場合は自由度は 1 です。

　上の例は、水という 1 成分が 2 相もしくは 3 相に分かれた場合ですが、一般に多成分系の自由度はどうなるでしょうか。これに関する規則がギブスによって導入された相律 (phase rule、つまり相の決まりごと) です。

　いま、c 個の成分を含む閉じた系 (全体としてエネルギーや物質の出入りがない系) において、等温定圧で p 個の相が共存して平衡状態になっていたとします。このとき、各相の状態は温度、圧力および組成 (各相の物質量の比) によって決まります (各相の分量は問題にしなくてもよい)。

　各相が、たとえば水とアルコールとその他…、というふうに c 個の成分を含むとすると、各相の組成 (各成分がどのくらいの割合で混じっているか) は $(c-1)$ 個の変数 (たとえばモル分率または質量比) で指定されます。各成分のモル分率の和は 1 ですので、最後の 1 つの成分のモル分率は残りの $c-1$ 個のモル分率がわかれば自動的に決まってしまいます。よって独立変数の数は $c-1$ となります。

　従って、温度と圧力の 2 つを足して、各相の状態は $(c+1)$ 個の変数によって決まることになります。さらに相の数は p 個あるとしましたから、

系全体の状態変数の数は $p(c+1)$ となります。

平衡状態では、各相の温度 $T^{(n)}$ と圧力 $p^{(n)}$ は互いに等しくなければなりません。すなわち

$$T^{(1)} = T^{(2)} = \cdots = T^{(p)} \quad \text{熱的平衡} \tag{4-87}$$

$$p^{(1)} = p^{(2)} = \cdots = p^{(p)} \quad \text{力学的平衡} \tag{4-88}$$

さらに、各成分の化学ポテンシャルも各相の間で等しくなります。これは上の熱的および力学的平衡に対して、物質的平衡に相当すると考えられます。いま、α 番目の相における成分 I の化学ポテンシャルを $\mu_i^{(\alpha)}$ としますと

$$\mu_i^{(1)} = \mu_i^{(2)} = \cdots = \mu_i^{(p)}, \quad i = 1, 2, \cdots, c \quad \text{物質的平衡} \tag{4-89}$$

式(4-87)～(4-89)において等式の数は等号の数に等しく、等号は T、p、$\mu_i (i=1, 2, \cdots, c)$ についてそれぞれ相の数だけ、つまり $(p-1)$ 個ずつありますから、条件式の数は全体では $(p-1)(c+2)$ 個になります。ここで、自由に選ぶことができる独立変数の数は、変数の総数から条件式の数を差し引いたものですから、系の自由度 f は

$$\begin{aligned} f &= p(c+1) - (p-1)(c+2) \\ &= c - p + 2 \end{aligned} \tag{4-90}$$

であたえられます。これをギブスの相律の式といいます。

はじめにあげた図4-10の水の例では1成分系 $(c=1)$ ですから、$f = 3 - p$ となります。そのため3重点 O では3相が共存しますから $p=3$、$f=0$(点)となります。また曲線 OA、OB、OC 上では2相が共存するため、$p=2$、$f=1$(曲線)になります。それ以外の場所では1つの相のみが存在するので $p=1$、$f=2$(面)となります。つまり、温度と圧力を自由に選ぶことができます。

4.6 磁性体の熱力学

熱力学は気体を越えて

熱力学は気体だけでなく、ゴムや磁性体(磁界の中で磁気を帯びる性質をもつ物質)など、物質一般に広く適用されます。ここでは、その一端を垣間みることにしましょう。

いままでは、系に加える仕事は、図 4-13(a)のように

$$\mathrm{d}W = -p\mathrm{d}V \tag{4-91}$$

であたえられました。図(b)のように、磁性体に磁場 H を加えて磁化(磁界の中で磁気を帯びること)の強さを $\mathrm{d}M$ だけ変化させる仕事 $\mathrm{d}W'$ は

$$\mathrm{d}W' = H \cdot \mathrm{d}M \tag{4-92}$$

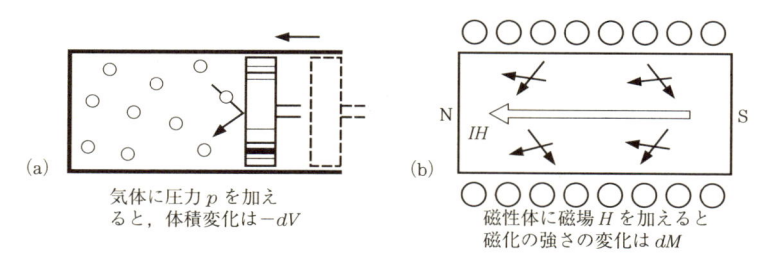

(a) 気体に圧力 p を加えると、体積変化は $-dV$

(b) 磁性体に磁場 H を加えると磁化の強さの変化は dM

図 4-13 気体と磁性体

であたえられます。(4-91)と(4-92)との符号の正負を別にすると、表 4-1 のように状態変数 M、H が定義できます。

表 4-1 状態変数

	示強変数	示量変数
気体	p	V
磁性体	H	M

図 4-14 は外部磁場と磁化の向きが一致している場合であり、常磁性体(強い磁石に引かれる物質、ミョウバンなど)や強磁性体(外部磁場がゼロでも磁化が存在する物質、鉄など)がこれに該当します。常磁性体や強磁性体では磁場と磁化の向きが同じですが、反磁性体(希ガス原子)や反強磁性体(MnO など)の場合は向きが逆になります。

式(4-92)より、磁性体を磁場の中を無限遠からもってくるのに要する

仕事、つまり磁気ポテンシャル（磁位）E_pは

$$E_p = -\boldsymbol{H} \cdot \boldsymbol{M} = -HM\cos\theta \quad (4\text{-}93)$$

と定義されます。また分子の熱運動による内部エネルギーを U とすると、全エネルギー E は

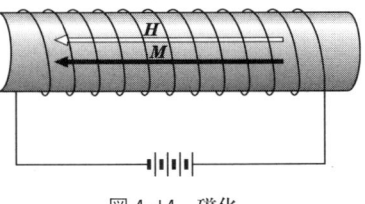

図 4-14　磁化

$$E = U + E_p = U - \boldsymbol{H} \cdot \boldsymbol{M} \quad (4\text{-}94)$$

式 (4-94) は、気体のエンタルピー $h = U + pV$ に相当します。ここでエンタルピーに小文字の h を用いたのは、磁場 H と混同しないようにするためです。

式 (4-94) の微小変化 dE は

$$\begin{aligned} dE &= dU - \boldsymbol{H} \cdot d\boldsymbol{M} - \boldsymbol{M} \cdot d\boldsymbol{H} \\ &= TdS + \boldsymbol{H} \cdot d\boldsymbol{M} - \boldsymbol{H} \cdot d\boldsymbol{M} - \boldsymbol{M} \cdot d\boldsymbol{H} \\ &= TdS - \boldsymbol{M} \cdot d\boldsymbol{H} \end{aligned} \quad (4\text{-}95)$$

式 (4-95) を、磁性体の熱力学第 1 法則といいます。

磁性体の全エネルギー E は、磁気ポテンシャル E_p と、分子の熱運動による内部エネルギー U との和になります。理想気体の全エネルギーが内部エネルギーだけで表されるのと比べると、異なる形をしています。

磁気ポテンシャル E_p は (4-93) であたえられています。N 極を（＋）、S 極を（－）とすると、極どうしの反発力と引力の両方の効果により、図 4-

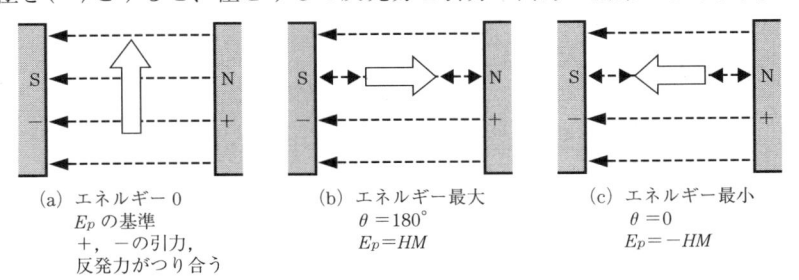

(a) エネルギー 0
　E_p の基準
　＋，－の引力、
　反発力がつり合う

(b) エネルギー最大
　$\theta = 180°$
　$E_p = HM$

(c) エネルギー最小
　$\theta = 0$
　$E_p = -HM$

図 4-15　E_p のとり方

15のように H と M の間の角度 θ によって、E_p の大きさは最小値 $-HM$ と最大値 HM の間の値をとります。

温度を徹底的に下げてみよう

常磁性塩（ミョウバンなど）に磁場をかけると、分子の磁気が磁場の方向にそろって秩序のある状態になるため、エントロピーは減少します。その結果、磁場が強いほど、同じ温度でもエントロピーは減少することになります。

Ⅰは磁場がゼロの出発点、Ⅱは磁場を加えてエントロピーを減らす等温過程、ⅢはⅡの過程で発生した熱をヘリウムで奪い取る過程、Ⅳは磁場をゼロにして断熱変化を行う過程です。

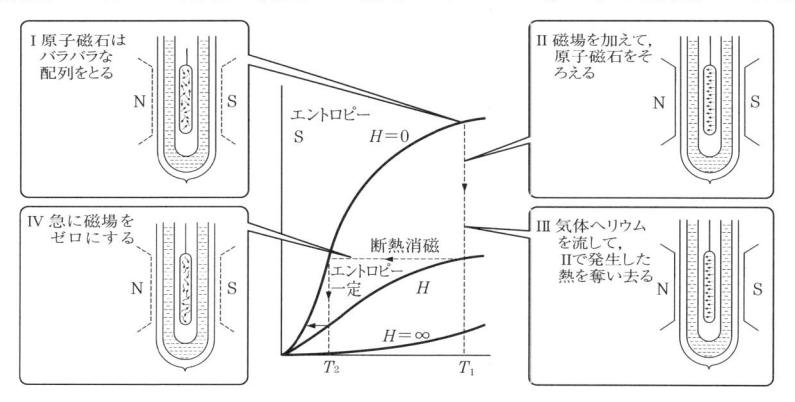

図 4-16 断熱消磁法

Ⅳによって温度が T_1 から T_2 に低下します。これは、気体が断熱膨張するとき温度が低下して、雲が発生するのと原理は同じです。断熱消磁を繰り返して、鉄アンモニウムミョウバンでは 0.04K、セシウムやマグネシウムの窒素化物では 0.005K の低温をつくることができます。

さらに極低温は核スピン（古典的には原子核の自転ですが、本来は量子力学的な量）の断熱消磁を行って、0.000001K ぐらいまで温度を下げることができます。

さて、磁性体の種類と状態方程式を取り上げましょう。磁化の強さ M と磁界 H の比 M/H を帯磁率といい、ギリシャ語の χ（カイ）で表しま

す。これは、気体の体積と圧力の比 V/p に相当します。式で書くと

$$\chi = \frac{M}{H} = 温度の関数 \tag{4-96}$$

であり、これは理想気体の $V/p=1/RT$ に相当しますので、式(4-96)は磁性体の状態方程式とよばれます。

磁性体の種類に応じて、それぞれの状態方程式を吟味してみましょう。

(1) 常磁性　状態方程式 $\frac{M}{H} = \frac{C}{T}$（キュリーの法則）

鉄ミョウバン
クロムミョウバン
セシウム窒化物

(2) 強磁性　$\frac{M}{H} = \frac{C}{T-T_c}$

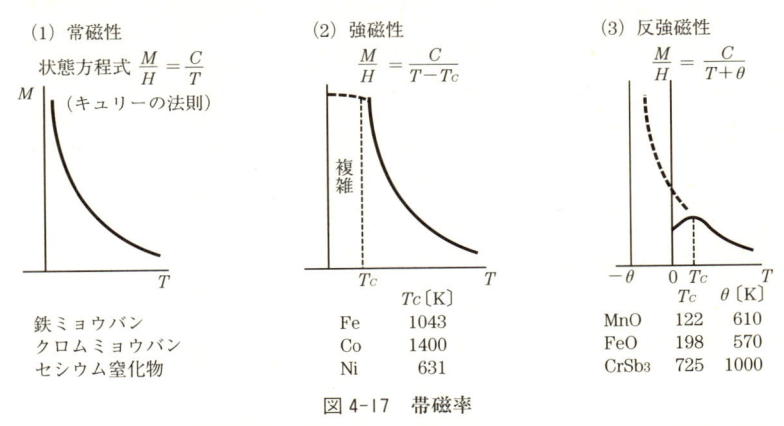

	T_c [K]
Fe	1043
Co	1400
Ni	631

(3) 反強磁性　$\frac{M}{H} = \frac{C}{T+\theta}$

	T_c	θ [K]
MnO	122	610
FeO	198	570
CrSb3	725	1000

図4-17　帯磁率

図4-17の(1)の常磁性塩は、外から磁場をかけると同じ向きに磁化しますが、磁場をゼロにすると磁化もゼロになります。(2)の強磁性体はキュリー温度(強磁性の物質が常磁性を示すようになる温度)以下のとき、磁場をかけて磁化させると、そのまま磁石になって温度の影響をあまり受けず、M の値はほぼ一定です。

しかし、キュリー温度より高温では、常磁性塩と同じ磁性を持つようになります。ちなみにこの「キュリー」はキュリー夫人の夫ピエール・キュリーのことです。惜しくも馬車の事故で遭難し、夭折しています。磁性物理の大家でもありました。

(3)の反強磁性体は磁場と逆向きに磁化しますが、T_c 以上では常磁性塩と同じような磁性を持っています。この材質は磁場の影響を受けない部品、たとえば時計のバネなどに利用されます。

この章を3分で

- **クラウジウスの不等式** 高熱源 T_1 から移動する熱量 Q_1、低熱源 T_2 のを熱量 Q_2 とすると
 $Q_1/T_1 + Q_2/T_2 \leqq 0$
- **エントロピーの増大の法則** 系全体のエントロピーは、断熱変化では減少せず、断熱不可逆変化では自発的に増大する
- **熱力学第3法則** 純粋物質の絶対零度でのエントロピーは0
- **ギブス、ヘルムホルツの自由エネルギー、エンタルピー**
 $G = H - TS$, $dG = -SdT + Vdp$
 $F = U - TS$, $dF = -SdT - pdV$
 $H = U + pV$, $dH = -TdS + Vdp$
- **自由エネルギー** 系がもつ内部エネルギーの中で自由に仕事に変えられるエネルギー
- **相転移** 温度または圧力の変化により、物質がある相から別の相へと移ること
- **化学ポテンシャル** 単位量あたりのギブスの自由エネルギー
- **相平衡** 複数の相が平衡状態のとき、圧力、温度、化学ポテンシャルが等しい
- **共存曲線** 各相の化学ポテンシャルが等しい曲線
- **クラウジウス・クラペイロンの式** 1つの成分からなる物質の2つの相が平衡しているときの圧力と温度の関係
 $dp/dT = L/T(V_A - V_B)$
- **3重点** 純粋物質の固相、液相、気相の3相が共存する温度、圧力のこと。水の3重点は0.01℃、610.6Pa

第5章 熱力学は止まらない

5.1 ブラウン運動

登場！ アインシュタイン

いよいよ、私たちの熱力学の勉強もフィナーレに近づいてきました。この最後の章では、思い切って熱力学の最新のテーマをいくつか、のぞいてみることにしましょう。

19世紀末の物理学は、3つの難問を抱えて苦悶し、いまにも自己崩壊しかねない状態でした。その3つの難問とは、第一に原子が本当に存在するかどうかを検証できないこと、第二に、光を伝える媒質としてのエーテルの矛盾、第三に、物体の発する光のスペクトルが従来の物理学では説明不能であったことです。

新しい20世紀が開けて間もない1905年、まだ26歳の若さであったアインシュタインは3つの重要な論文を発表しました。それは、ブラウン運動の理論、特殊相対性理論、およびプランクの量子仮説を前進させた光量子仮説です。いずれも20世紀の物理学の指針となる画期的な論文ですが、ここでは熱力学の分野であるブラウン運動を取り上げます。

図5-1 アインシュタイン

はじめにブラウン運動について簡単に説明しておきましょう。

顕微鏡でやっと見える程度の微粒子(水を吸って破裂した花粉から出る微粒子が用いられた)を一定温度の静止した水面上に浮かべると、微粒子はブルブルと不規則な運動をします。この現象を詳しく調べて報告したイギリスの植物学者R.ブラウン(R. Brown, 1773〜1858)の名にちなんでブラウン運動とよばれています。

初め、この一見不可解な現象は生物の受精にかかわるものと考えられていました。もしこれが植物の生命現象であれば、それを殺せば運動は消滅するはずですが、枯れてから長い年月を経た植物から採取した微粒子でも、さらに無機質の微粒子でも、同じような不規則で絶え間ない運動を続けることがわかり、これは植物の生命現象とは無関係なものであることが明らかになりました。その結果、ブラウン運動は物理現象としての研究の対象となり、粒子の大きさを変えたり、液体の温度や種類を変えてさまざまな実験が進められました。

原子かエネルギーか

19世紀末、物質の究極の根源について、オストワルド(F. W. Ostwald, 1853〜1923)と中心とするエネルギー論者と、ボルツマン(L. Boltzmann, 1844〜1906)を中心とする原子論者の間に激しい論争が交わされました。オストワルトは、化学のいわゆる質量保存の法則、定比例の法則や倍数比例の法則などは、あくまでつじつま合わせの理論にすぎないと主張しました。「たとえば水素分子は2個の水素原子が結合するというが、その力の正体すら明らかではないから、原子の存在を積極的に支持する証拠がない以上、実証を核心とする化学の立場からはとうてい認めることはできない…」というのがオストワルドの主張でした。

原子論者のボルツマンは心労で自殺してしまいましたが、慧眼なアインシュタインは、ブラウン運動の理論を建設して、原子の正当性に対する確固たる検証を与えることに成功したのです。

ブルブルを科学する

まずはじめに、溶質をまったく通さず、溶媒のみを自由に通す半透膜を用意します。この膜によって仕切られた溶液が、平衡に達した後に示す圧力を浸透圧とよびます。溶質のブラウン粒子を気体とみなし、一方、溶媒を空間と考えると、浸透圧は、気体の示す圧力（ブラウン粒子の示す圧力）に等しいと考えられます。

いま、図 5-2 の矢印部分の体積を V_0、この中に z モルのブラウン粒子が溶けているとします。このとき、このブラウン粒子を理想気体（この仮定が重要です）と考えると、理想気体の状態方程式から、

$$pV_0 = zRT \quad \therefore p = \frac{z}{V_0}RT \tag{5-1}$$

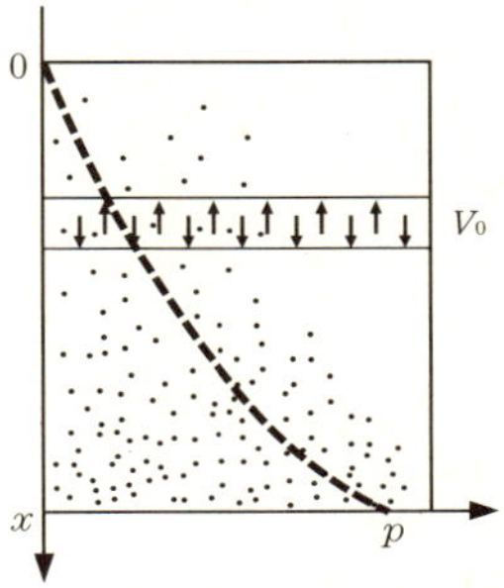

図 5-2 ブラウン粒子の圧力

となります。アボガドロ数を N_A とすると、z モルでは zN_A 個ですから、体積 V_0 に含まれる粒子数密度 n は

$$n = \frac{zN_A}{V_0} \tag{5-2}$$

であたえられますので、$z = V_0 n/N_A$ となります。これを (5-1) の z に代入すると

$$p = \frac{RT}{N_A} n \tag{5-3}$$

と書けます。

ここで図 5-2 において、厚さ Δx、底面が単位面積の直方体を考えます。直方体の上部にかかる圧力は $p(x)$、下部の圧力は $p(x+\Delta x)$ となります。また、ブラウン粒子 1 個に働く力（重力＋浮力）を f とすると、この直方体に含まれる粒子は $n\Delta x$ 個ですから、全体としての力は $nf\Delta x$ です。直方体下部の圧力は、上部の圧力とブラウン粒子の力の和と考えられますので

$$p(x+\Delta x) = p(x) + nf\Delta x$$

が成り立ちます。つまり、

$$\frac{p(x+\Delta x)-p(x)}{\Delta x} = nf \quad \therefore \frac{dp}{dx} = nf \quad \therefore f = \frac{1}{n}\frac{dp}{dx} \quad (5\text{-}4)$$

(5-3) により p を n に変えて

$$f = \frac{RT}{N_A}\frac{dn/dx}{n} \quad (5\text{-}5)$$

この式はブラウン粒子を理想気体分子とみなして、力のつり合いから求めた式です。

これまではブラウン粒子を理想気体の分子とみなして、平衡状態を考察してきました。次に観点を変えて

(1) 外力(重力と浮力の差)のもとでのブラウン粒子の運動

(2) (1)と逆向きの濃度勾配に起因する拡散過程(不可逆過程)

を考えます。

図5-3のように、鉛直上向きに x 軸をとります。ブラウン粒子の比重

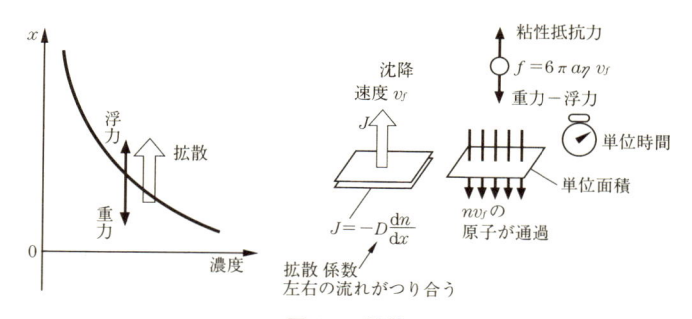

図5-3 拡散

が溶液の比重より大きいとき、重力のために粒子は底の方にたまります。その結果、ブラウン粒子の濃度は下層にいくほど高くなり、上に向かって拡散が起こります。しかし、この上向きの拡散に対して、さらに粒子には(重力)と(浮力)の差の下向きの外力が働いて、ちょうどつり合います。

粘性率 η（イータ）の流体の中を半径 a の粒子が速度 v で進むとき、粒子が受ける抵抗力 f はストークスの法則により

$$f = 6\pi a \eta v \tag{5-6}$$

で与えられることが知られています。(5-6) は、水中の粘土やシルト（砂と土の中間物質）の沈降について実験的に確かめられています。

図 5-3 のように、ブラウン粒子の沈降速度が v_f のとき単位時間あたり単位断面積を通って、nv_f 個の原子が通過することになります。

これに対して、溶液中でブラウン粒子の拡散の起こる方向に、単位面積を通って単位時間に拡散する粒子の個数 J は、その場所での粒子の密度の勾配 dn/dx に比例し

$$J = -D \frac{dn}{dx} \tag{5-7}$$

となります。これをフィックの拡散法則とよび、D を拡散係数といいます。

鉛直方向の流れのつり合いから

$$nv_f + J = 0 \tag{5-8}$$

(5-6) と (5-7) により (5-8) は

$$\frac{nf}{6\pi a \eta} - D \frac{dn}{dx} = 0 \tag{5-9}$$

さて、(5-5) の $f = \dfrac{RT}{N_A} \dfrac{dn/dx}{n}$ を (5-9) に代入すると

$$\frac{n}{6\pi a \eta} \frac{RT}{N_A} \frac{dn/dx}{n} - D \frac{dn}{dx} = 0 \tag{5-10}$$

(5-10) の第 1 項の分母と分子の n は約分でき、両辺を dn/dx で割ると

$$D = \frac{RT}{N_A} \frac{1}{6\pi a\eta} \tag{5-11}$$

となります。これをアインシュタインの関係式といいます。

気体定数 R は 8.31 J/molK であり、粘性係数 η の測定方法は確立していましたし、粒子の半径 a はペラン（J.B.Perrin, 1870〜1942）によって精力的に研究されていましたので、拡散係数 D を測定すれば、アボガドロ数 N_A が求められることになります。

みごとな一致にみんな驚き

次にブラウン粒子の動きを統計的に処理し、いままでよりも数学的に扱ってみましょう。少し難しいので、式はとばしてしまっても構いません。

時刻 t において、ブラウン粒子が位置 x に存在する確率を $f(x,t)$ で表すと、$f(x,t)$ は拡散の方程式

$$\frac{df}{dt} = D\frac{d^2f}{dx^2} \tag{5-12}$$

を満足します。

この微分方程式の解はよく知られていて

$$f(x,t) = \frac{1}{(4\pi Dt)^{1/2}} \exp\left(-\frac{x^2}{4Dt}\right) \tag{5-13}$$

となります。この関数形と時間変化を図 5-4 に示しました。この式から、

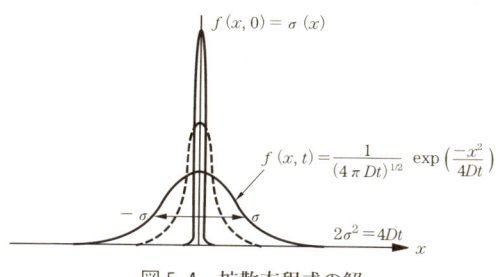

図 5-4 拡散方程式の解

ある任意の時間内に生じた変位の確率分布は、ガウス分布と同じものになります。これは、莫大な数の不規則な衝撃が積もって、有限の変位となることからも予想されたことです。とくに、expの中の定数が拡散係数と関係づけられている点が重要です。

変位がこの分布をもつとき、図5-4のようにブラウン粒子の平均2乗変位 σ^2 は

$$\sigma^2 = 2Dt \tag{5-14}$$

であたえられます。この平方根をとると

$$\sigma = \sqrt{2Dt} \tag{5-15}$$

となります。σ が時刻の平方根 $\sqrt{t}$ に比例する点に注意してください。

ペランは、グリセリンの中でコロイド粒子が、中に垂直に立てられたガラス壁に付着することを利用し、付着した粒子数が、その時間までの σ（粒子の変位の大きさの平均）に比例することを考慮して、測定した粒子数を $\sqrt{t}$ の関数として描きました。図5-5がその図です。σ と $\sqrt{t}$ にきれいな比例関係が成り立っています。

この見事な実験はアインシュタインの主張の正しさを裏づけています。(5-11)のアインシュタインの関係

$$D = \frac{RT}{N_A} \frac{1}{6\pi a \eta}$$

と(5-14)によると

$$\sigma^2 = t \frac{RT}{N_A} \frac{1}{3\pi a \eta} \tag{5-16}$$

この式を用いれば、時刻 t だけ経ったときの平均2乗変位 σ^2 を測れば、アボガドロ数 N_A が決定できます。

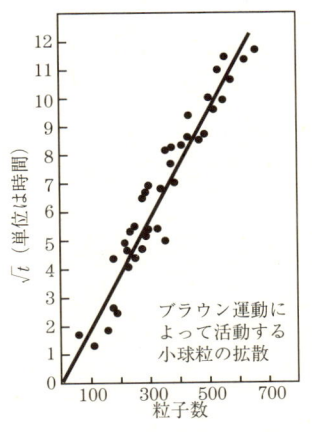

図5-5 時間tまでにガラス壁に付着した粒子の数と $\sqrt{t}$ の関係

いま、仮に $N_A \approx 6 \times 10^{23}$ ととり、液体として17℃の水(粘性係数 $\eta = 1.08 \times 10^{-2}$)を選び、粒子の直径を1μmとすると、1秒後の σ は0.8μmとなります。したがって、1分間の σ は、この $\sqrt{60}$ 倍、すなわち 0.6μmになります。

　これは顕微鏡で観測できる大きさですから、これまでの議論が正しければ、(5‐16)の関係式は顕微鏡を使った実験で検証できるはずである……というのがアインシュタインの主張でした。

　逆に、もしこれが実験で検証できれば、以上の議論が正しいことになり、その仮定の根幹になっている原子の実在が実験によって確かめられたことになります。果たして、ペランの実験は見事にアインシュタインの理論を検証し、原子の存在をゆるぎないものにしたのです。

　図5-6はペランの顕微鏡実験で乳香(マルチック・ゴムヤニともいう。紅海沿岸のウルル科植物ピスタシヨの木材からとれるゴム質の樹脂。黄色、透明な硬い粒子)のブラウン運動の位置を30秒ごとに観察し、それらの点を直線で結んだ折れ線です。

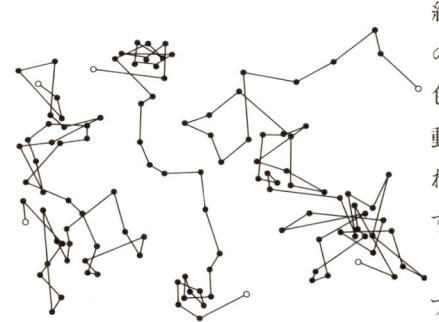

図5-6 微粒子(乳香)のブラウン運動

　念のため、補足しておきますが、ブラウン粒子は液体分子の衝突により、突然向きを変えるのではなく、その運動はなめらかな曲線です。途中、30秒ごとの点を結ぶために、折れ線として記述されています。

アインシュタインの考えたこと

　アインシュタインの理論は、天才のみが許される巧妙かつ簡明な理論です。しかし、彼が理論を構築する上で仮定した条件について、疑問がないわけではありませんでした。疑問点は以下の3つです。

　(1) ブラウン粒子は原子と比べると 10^4 倍も大きいのに、理想気体とみなすことができるか。

(2) (1)とは逆に、ストークスの法則やフィックの法則が成り立つ流体力学の粒子に比べると、ブラウン粒子は、はるかに小さい。この仮定は妥当であるか。

(3) 力学的描像から導出した拡散係数と、確率過程として統計的な意味で与えた拡散係数は一致するとしてよいか。

それを確かめるべく、ペランは乳香をアルコール処理して均等な大きさの球状粒子を作製し、これをガラス上に固めて密度を測定し、半径 a を求めました。

一方、乳香粒子を沈降させて

$$6\pi a\eta v_f = \frac{4}{3}\pi a^3 (\rho - \rho_0) g \tag{5-17}$$

により半径 a を決めます。(5-17)の左辺は粘性抵抗力、右辺は(重力)−(浮力)のつり合いを示します。これと先のガラス上の密度とを比べて、a が一致した値、$0.52\mu m$ であることをつきとめました。

ペランは図5-7のように装置を設定し、焦点距離を変えることによって、任意の高さの層内のブラウン粒子を数えました。乳香の粒子について、$6\mu m$ の等距離にある4つの層の濃度比は

1880、940、536、305

であり、これは等比数列

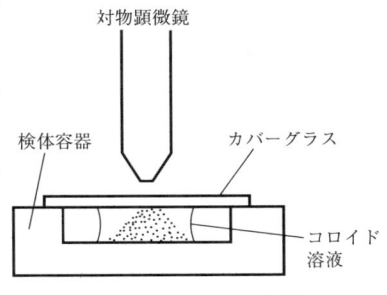

図5-7 ペランの実験装置

$$940 \approx 955 = 1880 \times (0.53)$$
$$536 \approx 528 = 1880 \times (0.53)^2$$
$$305 \approx 280 = 1880 \times (0.53)^3$$

にほぼ等しくなります。

さらにペランは半径が $0.212\mu m$ のコロイド粒子を用い、等距離ずつ離れた4つの層の粒子数をかぞえ、公比 0.48 の等比数列であることを見出

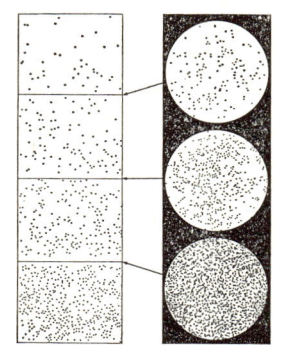

しています。ペランは同様の実験を数多く行って、いずれの場合にも濃度の比が等比級数になることを確かめました。

図5-8は、この様子を視覚的に示しています。左の図は気体分子運動論から求めた地球表面における分子の平衡分布を表しています。これに対して右の図は、顕微鏡で観察した等間隔の3つの層内のブラウン粒子の分布を表していて、左の図の4つの境界層に相当します。

図5-8 ブラウン粒子の平衡分布

これらの実験結果より、ブラウン粒子に対しても気体分子と同様に、エネルギー分配則が立証されたことになります。さらにアインシュタインの第1の仮定「ブラウン粒子のように大きな粒子にも気体分子と同じ関係式が適用できる」ことが証明されたというわけです。

カプラーの実験

次に振動系のブラウン運動を取り上げましょう。

微小な電流を測る装置として、図5-9に示すような検流計があります。永久磁石のつくる磁界の中にコイルを吊るし、これに電流を流すとコイルが回転するので、その回転角を測って電流を知るというものです。吊り線を細くし、コイルの巻き数を増やすと、感度が上がります。

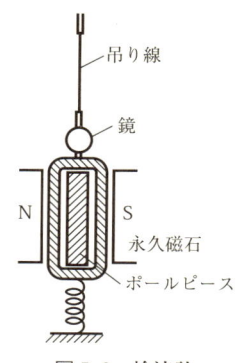

図5-9 検流計

1931年にカプラーは、振動系のブラウン運動を解析することによってアボガドロ数 N_A を求めました。彼は、面積が1～2平方ミリメートルの小さな鏡を、太さ数 μm、長さ数 cm の細い石英線で吊るし、これを格納した真空容器内の圧力をいろいろ変えて、鏡の反射光を数 m 離れたスクリーンに写し、ブラウン運動を観測しました。

図5-10は、温度10℃、圧力0.5Paでの記録の一例です。

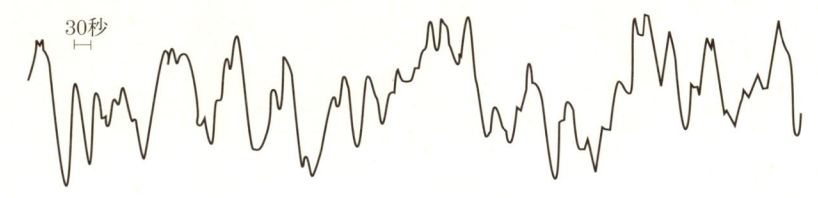

図 5-10　カプラーの記録

　気体分子の衝突により、鏡の振れはブラウン運動をし、鏡の振れ θ の 2 乗平均値はエネルギー等分配の法則から

$$\overline{\theta^2} = \frac{kT}{\tau} \tag{5-18}$$

となるはずなのです。ここで k はボルツマン定数、T は絶対温度、τ は吊り線のねじり定数です。(5-18) に現れる k は、気体定数 R および N_A と

$$R = kN_A \tag{5-19}$$

という関係で結びつけられていますから、鏡のブラウン運動を測定することで k が求められます。R としては、すでに実験によって求められていた値を使えばよいのです。

　図 5-10 から、振動系の固有周期は 20 秒程度で、1 回の観測時間を 12～13 時間とり、真空度をいくつか変えて合計 101 時間の観測結果からアボガドロ定数 N_A を求め、6.059×10^{23} という値を得ています。また、厳密値は $6.022 \cdots \times 10^{23}$ ですので、その誤差は 1 ％以下です。これはペランの測定よりもはるかに精度が高いものでした。

5.2　BZ 反応

ナルトの化学

　通常、熱力学は平衡系を前提として、化学反応、ブラウン運動などを記述しています。

　しかし、近年は非平衡熱力学の基盤の上にたって、散逸構造の概念が自

然に誕生し、さらに現在では熱力学の枠を越えて発展しつつあります。

　この項では非平衡系の一例として BZ 反応を取り上げましょう。

　われわれは永く、化学反応とは試験管の中で分子が、直接一様に結合を組み換えて他の分子になることだと考えてきました。つまり、均一溶液内で起こる化学反応は、せいぜい色が1回だけ変わり、しかも一様に変わるくらいが関の山の、ごくつまらないものであると信じてきました。

　しかし、試験管がネオンサインのようにいろいろな色に光ったり、部分部分で別々の反応が起こったりすることも、また疑いのない事実です。たとえば自然界において炎の色や植物の生長、カエルの卵の孵化などはごく当たり前の現象なのですが、いままでの平衡系の熱力学では対象外として放棄されてきたのです。

　おそらくこのような平衡系の考えがしみ込んでいたため、モスクワの生物物理学研究所のザボチンスキー(A. M. Zhabotinsky)やベルーソフ(B. P. Belousov)が1958年に発見した反応は、当時の科学者の目にはまったく奇妙なものと映ったに違いありません。ベルーソフの反応では、セリウムイオン(Ce^{2+})の触媒作用によって有機物の臭素酸の酸化が起こるのですが、他の普通の化学反応と違って定常状態が存在しません。ちょうど時計仕掛のような正確さで毎分2回、黄色から無色への変化を繰り返します。

　この例のほかに、代表的例としてベローソフ・ザボチンスキー反応(BZ反応)を取り上げて、非平衡系の反応に対する物理化学的な理解を深めることにしましょう。

　BZ 反応というのは、基本的に酸化還元反応です。一般的な酸化還元反応、たとえば、酸のアルカリによる中和などは、酸化剤である酸と還元剤であるアルカリを混合した瞬間に反応が完了してしまいます。しかし、適当な4種類の物質を混合すると、酸化還元反応がゆっくりと周期的に進行し、それが目に見える形で現れます。これが BZ 反応です。

　BZ 反応で用いられる試薬は、①金属触媒、②酸化剤、③還元剤、④酸の4つです。標準的な BZ 反応の化学組成は①セリウムイオン、②臭素酸ナトリウム、③マロン酸、そして④硫酸からなります。

　図 5-11 は、浅い皿の中の赤色(BZ 試薬)に起こる化学反応の渦巻を表

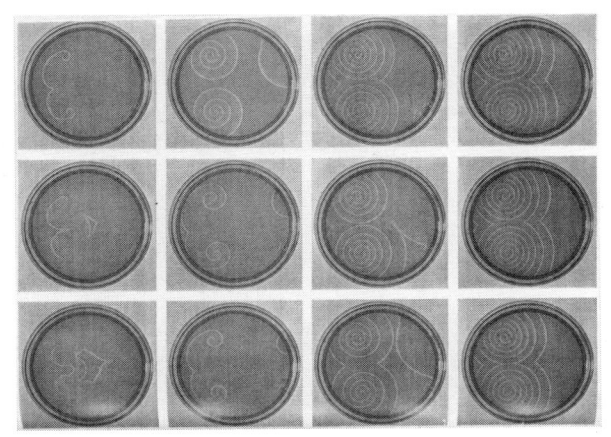

図5-11 BZ反応(「日経サイエンス」より)

しています。溶液の表面を、熱した針金で触れると青色の輪が発生し、おだやかに皿をゆらして輪を切ると、切れた端は末端近くを輪として巻き始め、一定間隔のらせんを形づくります。2つの波が衝突すると、両方とも消滅してしまいます。おのおののらせんは約1分の周期で回転します。図は、30秒間隔で変化を追っていった様子です。泡は反応生成物の炭酸ガスで、液体の深さは1.4mmです。

BZ反応は使用する反応試薬の数は少ないのですが、溶液内で実際に起こっている化学反応は大変複雑です。これは、細胞内の代謝経路と対比しても遜色がありません。

生化学の代謝回路では、代謝経路が分岐する箇所で、カギとなる酵素が重要な役割を果たしています。その多くはいわゆるアロステリック酵素(立体的特徴をもつ酵素)で、補酵素や生成物の濃度で反応活性が大きく変化します。BZ反応では低分子化合物が関与する無機化学反応が基礎になるので、酵素のような複雑な制御はもちろん不可能です。

しかし、さきほどの②の臭素酸の臭素は多くの酸化数(Br^{-1}とかBr^{-2}とか)をとりうるので、多様な反応中間体を生み出すことができます。また、臭素の酸化還元反応では、電子を1つ授受する過程と2つ授受する過程両方が可能で、しかもそれぞれの反応に関与する相手が異なるために、反応経路を分岐させることができます。反応物や反応中間体、あるいは生成

物の濃度の相対的なバランスで経路のスイッチングが起こるという特性が、図 5-11 のような不思議な模様の原因です。

横丁ゼミナール

先生「どうでしたか。とりあえず、これでフィナーレです」

洋平「ゼロから初めて、最後は熱力学の先端まで来てしまった…。やあ、おどろきです」

陽子「もっと詳しく勉強しようかしら」

クマさん「一途な陽子ちゃんは研究者向きだね。アッシは移り気ですんで、今度は力学や量子力学を、またゼロから学んでいきたいね」

先生「ハハハ、みんなやる気が出てきたようだね。先生も本望です。それから、この本を読んで下さった読者の方々に、心より御礼申しあげます。それではまた、どこかでお会いしましょう」

索 引

あ

アインシュタイン・モデル　78
アインシュタインの関係式　196
アボガドロ数　34, 44
アボガドロの法則　34
位置エネルギー　58
宇宙全体のエントロピー　148
運動量　62
永久機関　110
液体ヘリウム　149
液体ヘリウムII　4
エネルギー等分配則　65
エネルギー　59
エンタルピー　136, 139, 153
エントロピー　121, 139
エントロピー増大　2, 147, 190
エントロピー変化　127

か

回転運動　63
化学親和力　170
化学の可逆反応　94
化学ポテンシャル　173, 190
可逆　93
可逆変化　138
拡散法則　195
体膨張率　49

カルノー　102
カルノー・サイクル　102, 138
カルノーの定理　119, 138
過冷却　33
カロリー　89
完全微分　73
気圧　47
気体定数　50
ギブス　154
ギブスの自由エネルギー　154, 162
ギブスの相律の式　185
キュリー温度　189
共存曲線　172
共存曲線　177, 190
クラウジウス・クラペイロンの式　181, 190
クラウジウスの原理　113
クラウジウスの不等式　144, 190
グラム分子　51
系　52
効率　108, 138
孤立系　129

さ

3重点　26, 190
ザボチンスキー　202
示強変数　52
仕事　20, 44, 69
仕事当量　83, 86, 92
仕事率　20
磁性体　186
質点　56

絞り膨張　137
シャルルの法則　48, 91
自由エネルギー　158, 190
自由度　65, 78, 88, 184
ジュール・トムソン効果　136, 139
ジュール熱　83
準静的　95, 138
状態変数　52
状態方程式　51
状態量　74, 92
状態和　156
蒸発熱　14
示量変数　52
じわじわ　95
真空膨張　86
浸透圧　193
振動運動　63
絶対温度　44, 49
絶対零度　3
潜熱　13, 44
全微分　151
相　171
相転移　4, 171
相平衡　174, 190
相律　184

た

タービン　8
体積仕事　70, 161, 165
単振動　78
弾性衝突　61
断熱消磁　149, 188
断熱変化　99, 138
力　20

超臨界水　172
定圧比熱　89
定圧モル比熱　90, 92
定積比熱　89
定積モル比熱　89, 92
定比例の法則　53
等温圧縮　97
等温変化　138
等温膨張　97
トムソンの原理　112

な

内部エネルギー　57, 87, 92
熱エネルギー　58
熱機関　8
熱効率　19, 141
熱素説　28
熱伝導率　38
熱平衡　28
熱容量　28, 30, 44
熱力学第0法則　28, 44
熱力学第3法則　149, 190
熱力学第1法則　72, 92
熱力学第2法則　138
熱力学的温度　120, 138
熱量　30
ネルンスト・プランクの定理　150

は

倍数比例の法則　53
比熱　31, 44
比熱比　91
表面張力　160
ビリアル定数　50
ファンデルワールスの状態方程式　66

ファンデルワールス力　67
不可逆　93
不可逆変化　138
不完全微分　73
不飽和状態　27
ブラウン運動　53, 192
分子間力　67
平均2乗速度　56
平均運動エネルギー　57
並進運動　63
ヘルムホルツの自由エネルギー　153
偏微分　69, 151
ポアソンの式　101
ボイル・シャルルの法則　50, 91
ボイルの法則　45, 92
飽和蒸気圧　179
ボルツマン定数　57

ま

マイヤーの関係式　91
マクスウェル分布　60
マグデブルクの半球　54
摩擦熱　7
水の3重点　120, 172
モル　34, 44
モル比熱　33, 65

や

融解熱　14
有効仕事　107
融点　14
有用仕事　161, 167

ら, わ

力積　62
理想気体　50, 92
臨界圧力　172
臨界温度　67, 172
臨界点　172

著者紹介

小暮陽三（こぐれようぞう）

1953年　東京文理科大学理学部卒業
現　在　埼玉大学名誉教授　理学博士
1998年より、埼玉県理科教育振興会会長

NDC420　214p　21cm

ゼロから学ぶシリーズ
ゼロから学ぶ熱力学（まなねつりきがく）

2001年4月20日　第1刷発行
2006年7月20日　第6刷発行

著　者　小暮陽三（こぐれようぞう）
発行者　野間佐和子
発行所　株式会社　講談社
　　　　〒112-8001　東京都文京区音羽2-12-21
　　　　　販売部　(03)5395-3622
　　　　　業務部　(03)5395-3615
編　集　株式会社　講談社サイエンティフィク
　　　　代表　佐々木良輔
　　　　〒162-0814　東京都新宿区新小川町9-25　日商ビル
　　　　　編集部　(03)3235-3701
印刷所　豊国印刷株式会社・半七写真印刷工業株式会社
製本所　株式会社国宝社

落丁本・乱丁本は、ご購入書店名を明記の上、講談社業務部宛にお送り下さい。送料小社負担にてお取替えします。なお、この本の内容についてのお問い合わせは講談社サイエンティフィク編集部宛にお願いいたします。定価はカバーに表示してあります。

© Yohzoh Kogure, 2001

JCLS　〈(株)日本著作権出版管理システム委託出版物〉
本書の無断複写は著作権法上での例外を除き禁じられています。複写される場合は、その都度事前に(株)日本著作出版権管理システム（電話03-3817-5670, FAX 03-3815-8199）の許諾を得てください。

Printed in Japan
ISBN4-06-154654-6

千里の道も最初の一歩から！
ゼロから学ぶシリーズ

なっとくの弟分のゼロからシリーズ。
概念のおさらいはもちろん、高校では習わない新しい概念
をとにかくやさしく、しっかりと、面白く学べる本。

ゼロから学ぶ力学
都筑 卓司・著
A5・210頁・定価2,625円（税込）

ゼロから学ぶ量子力学
竹内 薫・著
A5・222頁・定価2,625円（税込）

ゼロから学ぶ熱力学
小暮 陽三・著
A5・214頁・定価2,625円（税込）

ゼロから学ぶ相対性理論
竹内 薫・著
A5・220頁・定価2,625円（税込）

ゼロから学ぶ電子回路
秋田 純一・著
A5・206頁・定価2,625円（税込）

ゼロから学ぶ物理数学
小谷 岳生・著
A5・238頁・定価2,625円（税込）

ゼロから学ぶ数学・物理の方程式
谷村 省吾・著
A5・215頁・定価2,625円（税込）

ゼロから学ぶ物理の1、2、3
竹内 薫・著
A5・224頁・定価2,625円（税込）

ゼロから学ぶ物理のことば
小暮 陽三・著
A5・230頁・定価2,625円（税込）

ゼロから学ぶ振動と波動
小暮 陽三・著
A5・220頁・定価2,625円（税込）

ゼロから学ぶエントロピー
西野 友年・著
A5・216頁・定価2,625円（税込）

ゼロから学ぶ微分積分
小島 寛之・著
A5・222頁・定価2,625円（税込）

ゼロから学ぶ統計解析
小寺 平治・著
A5・222頁・定価2,625円（税込）

ゼロから学ぶベクトル解析
西野 友年・著
A5・214頁・定価2,625円（税込）

ゼロから学ぶ線形代数
小島 寛之・著
A5・230頁・定価2,625円（税込）

ゼロから学ぶ数学の1、2、3
瀬山 士郎・著　　算数から微積分まで
A5・224頁・定価2,625円（税込）

ゼロから学ぶ数学の4、5、6
瀬山 士郎・著　　入門！ 線形代数
A5・220頁・定価2,625円（税込）

ゼロから学ぶディジタル論理回路
秋田 純一・著
A5・222頁・定価2,625円（税込）

定価は税込み（5％）です。定価は変更することがあります。　「2006年7月10日現在」

講談社サイエンティフィク　http://www.kspub.co.jp/